세계수학사

현종익 지음

History of Mathematics

KYOWOOSA 教友社

prefce

머리말

어떤 국가(國家)나 민족(民族)은 고유의 역사와 민족문화를 갖고 있다. 한 민족을 이해하려면 그 민족이 지금까지 걸어왔던 발자취와 문화적 특성을 정확히 파악해야 할 것이다.

이와 마찬가지로, 한 학문(學問)을 연구(硏究)하는 데 있어서도 그 학문의 기원(起源)과 발전과정(發展過程)을 통해서 그 특성과 본질을 이해할 수 있다고 생각한다.

인간이 그 문화의 일부를 『수학』이라고 부르고부터 2천년 이상 수학은 고대 그리스시대로부터 하나의 학문(學問)으로서 창조되었고, 인류의 역사와 더불어 끊임없이 발달하여 왔고, 오늘날의 과학문명에 직접적으로 공헌하여 왔었다.

수학(數學)은 자연과학(自然科學)의 어머니이며 순수과학(純粹科學)의 산실이라고 흔히 말한다. 이는 수학이 갖고 있는 이론적인 사고방법(思考方法)과 합리주의정신이 자연과학의 방법론에 절대불가결(絶對不可缺)의 요소가 되고 있기 때문이다.

수학이 어디에서 처음 생겨났으며, 어떠한 발달과정(發達過程)을 겪은 뒤에 오늘날과 같은 현대수학(現代數學)에 이르게 되었는가를 밝히는 것은 그리 쉬운 일이 아니다.

그러나 수학이라는 것은 인간이 사회생활과 문화창조의 필요에 의하여 만든 것이고, 이 수학의 발달은 유명무명(有名無名)의 많은 뛰어난 수학자(數學者)들의 노력의 결실이라고 생각한다. 이와 같이 수학의 진보에 공헌한 수학자들은 순수한 문화창조자로서 매력적인 성격을 가진 사람으로 생각된다.

필자(筆者)는 수학에 대하여 친밀감을 갖고 흥미를 갖는 하나의 방법은, 수학을 만든 수학자에 대하여 많은 것을 알고, 그 수학의 기원과 발달과정을 아는데 있다고 생각한다. 수학이 생활(生活)과 사상(思想)에 적지 않은 공헌을 하고 있는데도 불구하고, 많은 교양 있는 사람들이 수학에 대하여 관심(關心)과 흥미(興味)를 갖고 있지 않다.
이것은 학교의 교과서(教科書)나 수업(授業)이 수학을 어려운 계산기술(計算技術)에 치중하고 있기 때문이라고 생각한다. 이들에게 수학사(數學史)를 통해서 수학에 대한 관심과 흥미를 갖게 하고 나아가서 수학적 사고(數學的思考)에 숙달되기를 바란다.

수학사는 그 내용이 방대하여 강의하기에 매우 곤란하다. 여기서는 시대별로 수학자 중심(數學者 中心)과 교과 중심(教科 中心)으로 정리하였다. 이 책으로 인하여 수학을 배우고 가르치는 사람들이 수학에 관심과 흥미를 갖고 수학적 사고에 도움이 된다면 다행으로 생각한다.

끝으로 이 책을 출판해 주신 도서출판 교우사(教友社) 오판근 사장님과 이 책이 나오기까지 자료수집에 많은 협조를 하여주신 제주대학교 수학과 송석준 교수, 양영오 교수에게 감사의 말씀을 드리며, 출판(出版)에 협력해 주신 직원 여러분에게 감사를 표하는 바이다.

◉ 인생과 학문을 이끌어 주신 백용배 선생님께 고개 숙여 깊이 감사를 드립니다. ◉

2011년 3월
한라산을 마주하고 있는 별도봉 언저리에서
현 종 익 씀

contents

차 례

01 CHAPTER 고대 수학사

"하나님은 자연수를 창조하셨고,
그 외의 모든 수는 사람들의 작품이다"

– 크로네커(Kronecker) –

MEMO

01 고대 수학사
CHAPTER

1 고대이집트 수학

나일강의 홍수는 이집트인의 생활을 위협하였으나 일면(一面) 하류에 비옥한 흙을 운반하여 이집트에 농업에 적합한 토지를 마련하여 주었다. 이렇게 해서 이집트에 세계최고의 문화가 창조되었다.

이집트 사람들은 먼저 나일강의 홍수(洪水)로부터 인명과 재산을 보호하기 위하여 정기적인 강물의 범람을 정확히 예측하고, 필연적으로 계절의 이행(移行)과 천체(天體)의 운행(運行)을 연구하게 되어 천문학(天文學)과 역법(曆法)이 발달하게 되었다.

한편 나일강의 정기적인 범람은 그들에게 비옥한 흙을 갖다 주었지만 그들의 경지(耕地)(논)의 경계를 흔적도 없이 흘러가게 했다. 따라서 지배자나 농민은 이들 토지의 경계를 재조정하기 위하여 측량술(測量術)이 발달되었다. **기하학**(幾何學)을 의미하는 Geometry는 토지(geo)를 측량(Metrie)한다는 어원으로부터 유래된 것이다.

이와 같이 일역(日曆)의 계산, 세금의 계산, 토지측량(土地測量)의 필요에 의하여 이집트에는 기술적인 계산술(計算術)과 기하학이 발달되었다.

이집트의 피라미드는 이것을 상징하고 있다.

고대 이집트의 수학은 두 개의 **파피루스**(Papyrus)에 의하여 그 내용을 알게 되었다. 파피루스는 영국의 런던 박물관에 보존되어 있는 린드 파피루스와 소련의 모스코바 국립미술관에 보관되어 있는 모스코바 파피루스의 두 가지의 종류가 있다.

린드(Rhind) 파피루스는 길이가 5.5m, 폭이 32cm이고, **아메스**(Ahmes, B.C. 1500년경)가 쓴 것으로 알려져 있다.

한편 모스코바 파피루스는 길이 5.5m, 폭이 8cm이고 1877년에 독일의 학자 아이션로르(Eisenlohr)에 의하여 그 내용을 알 수 있게 되었다.

린드 파피루스는 84문제가 수록되어 있고, 모스코바 파피루스는 25문제가 수록되어 있으며, 주로 산술(算術)과 측량에 관한 문제를 다루고 있다.

(1) 상형문자(象形文字)에 의한 기수법(記數法)

1 10 100 1000 10000 100000

123456

이 기수법은 **십진법**(十進法)으로 되어 있으나 자리잡기의 원리(原理)가 되어 있지 않다.

(2) 분수의 단위분수(單位分數)의 합으로서의 표시법(表示法)

$$\frac{2}{17} = \frac{1}{12} + \frac{1}{51} + \frac{1}{68}$$

(3) 승제(乘除)의 계산법(計算法)

1) $12 \times 12 = 144$

	1	··· 12
	2	··· 24
*	4	··· 48
*	8	··· 96
	12	··· 144

2) $4 \div 15 = \frac{1}{5} + \frac{1}{15}$

1	···	15
$\frac{1}{10}$	···	$\frac{3}{2}$
$\frac{1}{5}$	···	3 *
$\frac{1}{15}$	···	1 *
$\frac{1}{5} + \frac{1}{15}$	···	4

(4) 직각 3각형의 변(邊)의 비(比)

3 : 4 : 5 (경험적)

(5) 면적의 계산

1) 2등변삼각형의 면적

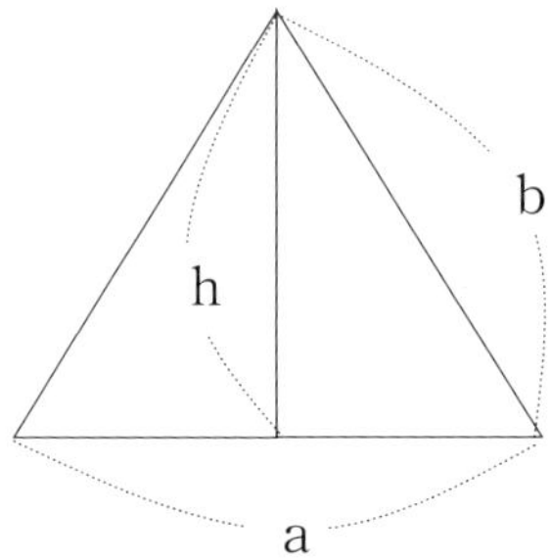

$(= \frac{1}{2}ah)$

2) 원의 면적(반지름 r, d = 2r)

$$S = (d - \frac{1}{9}d)^2 = \frac{256}{81}r^2$$

$$\pi \fallingdotseq 3.1604$$

(6) 각추대(角錐臺)의 체적(體積)

$$V = \frac{h}{3}(a^2 + ab + b^2)$$

2 바빌로니아의 수학

바빌로니아는 메소포타미아에 있는 티그리스강과 유프라테스강 사이에 있었던 왕국으로써 B.C 2000~B.C 200의 년대를 보고 있다. 현재 많은 점토판(粘土板)의 유적(遺跡)에 의하여 그 당시의 수학을 알 수 있게 되었다. 17세기의 초 프랑스의 중학교사 그로트폰드(Grotefond, 1775~1853)가 그 내용을 번역하는데 성공했고 1846년 영국의 군인 핸리로빈슨에 의하여 페르시아 지방의 암석(岩石)에 새겨져 있는 설형문자를 읽을 수 있게 되었다.

바빌로니아는 비옥한 토지를 갖고 육해(陸海)의 교통의 요지였으므로 상업의 발달에 따라서 이집트의 문화도 받아들여 산술대수(算術代數)가 발달하였다.

(1) 내 용

1) 설형문자(楔形文字)에 의한 숫자(數字)

1 10 100 1000 10000

2) 60진법의 적용

① 1년＝360일

② 전원주각(全圓周角) = 360°, 1 ° = 60′, 1′ = 60″

③ 8 × 8 = 64 → 1.4

9 × 9 = 81 → 1.21

3) 대수계산(代數計算)

① $\begin{cases} x + y = a \\ xy = b \end{cases}$ $\begin{cases} x + y = a \\ x^2 + y^2 = b \end{cases}$

4) 급수(級數)의 합(合)

① $\sum_{k=0}^{n} 2^k = 2^0 + 2^1 + 2^2 + \cdots + 2^n = 2^{n+1} - 1$

② $\sum_{k=1}^{n} k^2 = 1^2 + 2^2 + \cdots + n^2 = \frac{1}{3}(1+2n)\sum_{k=1}^{n} k$

$$= \frac{n(n+1)(2n+1)}{6}$$

3 그리스의 수학

이집트의 대안(對岸) 그리스에 있어서는 여름은 건조하고 겨울은 따뜻하며 기후가 좋기 때문에 이집트와 같이 많은 비(大雨)와 홍수의 위협은 없고 자연은 규칙적이고 합리적인 것으로 생각하였다.

고대 이집트, 바빌로니아의 숫자는 수학의 발생기에 속하고 실용적이었으나 그리스는 합리적 사고에 토대를 둔 논리적 학문으로 발전하였다.

그리스인은 원주민을 정복하여 노비로 삼아 노동적인 일상생활에 종사시키고, 그들은 스스로 무술(武術), 학문(學問), 예술(藝術)에만 전념하게 되었다.

(1) 이오니아학파

탈레스(Thales, B.C.624～546)

탈레스는 그리스 식민지 밀레토스 출생, 이집트의 경험적 · 실용적 지식을 바탕으로 하여 최초의 기하학을 확립 하였다. 또한 만물의 근원을 추구한 철학의 창시자이며 그 근원은 '물'이라고 하였다(형이상학). 물은 생명을 위하여 불가결한 것이며, 또 물이 고체 · 액체 · 기체라는 3가지 상태를 나타낸다는 것에서 그렇게 추정한 듯하다. 변화하는 만물에 일관하는 본질적인 것을 문제로 한 점에 그의 불후의 공적이 있다. 그러나 그는 대지(大地)는 둥근 편평상(扁平狀)이며 물 위에 떠 있는 것이라고 생각하였다. 물의 철학자라 불렸다.

소 아시아에 속하는 이오니아에 있어서는 이집트와 바빌로니아와의 교류(交流)가 가장 긴밀하였으므로, 여기에 제일 먼저 그리스의 문화가 탄생하게 되었다.

이오니아 학파의 대표로서 서양철학(西洋哲學)과 그리스수학의 선조(先祖)라 할 수 있는 그리스 칠현의 한 사람인 탈레스(B.C. 624~546)을 들 수 있다. 그는 이집트에 가서 승려(僧侶)로부터 이집트의 실용적인 학문을 배우고, 이것에 이론적인 사고를 더하여 이론적학문으로 발달시켰다.

오늘날의 정의(定議), 정리(定理), 증명(證明)은 그가 처음으로 확립한 것이다. 그리고 천문학을 과학적으로 연구하였고, 특히 B.C. 585년 5월 28일의 일식을 예언한 것은 너무나 유명한 이야기이다.

탈레스는 「2등분 삼각형의 두 밑각은 같다」
「3각형의 내각의 합은 2직각과 같다」

이 이외의 합동정리(合同定理)를 증명했고, 닮음3삼각형(相似三角形)의 이론을 적용하여 그림자의 길이로부터 피라미드의 높이를 계산하였다.

탈레스의 제자들은 그 후 「무한(無限)과 연속(連續)」에 대하여 연구하였고, 원(圓)의 면적(面積)은 반지름의 제곱에 비례(比例)한다는 것을 발견(發見)했었다.

(2) 피타고라스학파

피타고라스(Pythagoras, B.C. 572～492)

이오니아학파는 합리적인 것을 추구하고 반종교적(反宗教的)이었으나 피타고라스 학파는 이와 반대로 종교적인 신비주의(神秘主義)를 신봉하였고, 그리스의 풍토에서 오는 합리주의의 양면(兩面)을 갖고 있었다.

피타고라스는 에게해(海) 사모스섬(島) 출생, 피타고라스는 만물의 근원을 '수(數)'로 보았다. 그 수는 자연수를 말하는 것으로 이들 수와 기하학에서의 점과를 대응시켰다. 예컨대, 자연수 계열의 연속항의 임의의 항까지의 합은 삼각형수이고, 마찬가지로 기수계열의 합은 정사각형수, 우수계열의 합은 직사각형수라는 방법으로 정의하였다. 또 완전수, 인수의 합, 비례와 평균의 연구, 산술평균, 조화평균 등도 분류하였다.

또 피타고라스와 그의 제자들은 임의의 삼각형의 내각의 합이 2직각(180°)과 같음을 발견하고 이를 증명하였다.

피타고라스는 이집트와 바빌로니아에 유학하여 신학(神學)과 수학(數學)을 배웠고 귀국하여 고향에 학교를 세우려 했으나 정치적 압력 때문에 목적을 이루지 못하고 이탈리아의 남부에 학교를 세웠다.

그는 「만물(萬物)은 수(數)이다」라는 원리 아래 영혼의 정화(淨化)를 위한 학과로서 음악(音樂), 천문(天文), 기하(幾何), 수론(數論)을 연구했다.

이것은 학교라고 하기보다는 하나의 교단(教壇)이고 종교적 의식을 행하고, 그 발견을 외부에 발설하는 것을 금했으며, 그 교단의 발견은 모두 그 교조(教祖)인 피타고라스의 발견으로 하였다.

피타고라스는 세력이 점점 증대(增大)함에 따라서 정치적인 압박을 받고 결국 학교는 파괴(破壞)되고 그는 교살되었다.

(3) 업적

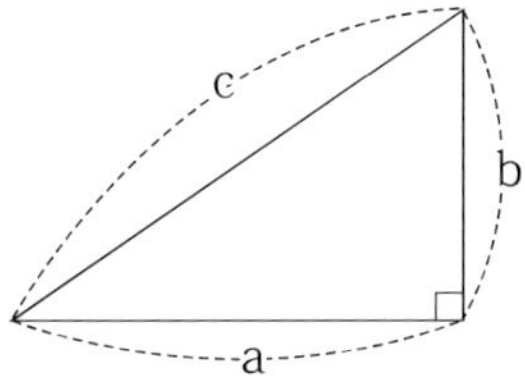

1) 피타고라스의 정리

$$a^2 + b^2 = c^2$$

2) 만물은 수이다.

수의 성질중에서 간단한 것, 아름다운 것, 조화를 이루는 것을 연구하였고, 이들은 신비적인 것으로 생각하였다.

기수, 우수, 소수, 완전수, 과잉수, 부족수, 피타고라스의 수 등을 조사하였다.

- 소 수(素 數) : 2, 3, 5, 7, 11, 13, 17, 19…………
- 완전수(完全數) : $6 = 1 + 2 + 3$, $28 = 1 + 2 + 4 + 7 + 14$
- 과잉수(過剩數) : $18 < 1 + 2 + 3 + 6 + 9$
- 부족수(不足數) : $10 > 1 + 2 + 5$
- 피타고라스의 수(數) : (3, 4, 5), (5, 12, 13)

3) 비 례 론

피타고라스는 현의 길이를 $\frac{1}{2}$로 잡으면 1옥타브 높은 소리가 나고, 현의 길이를 $\frac{2}{3}$로 하면 5도(度) 높은 소리가 난다는 점에 착안했고, 이것으로부터 음계(音階)를 완성했다.

그리고 비례론(比例論)을 연구하여 황금분할을 발견하였다.

주어진 길이 a인 선분 AB를 두 부분 b, c로 나누어서 되도록 하는 분할을 황금분할(黃金分割)이라 한다.

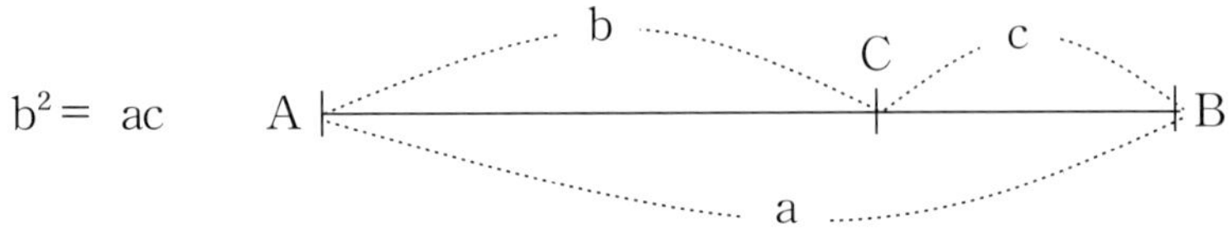

황금분할은 비(比)에 있어서 가장 아름답고 조화를 이루고 있다. 이것은 식물(植物), 인체(人體)에 있어서의 미(美)의 표준이 되고 있다.

그 이외에 책(冊)의 세로・가로의 비, 정 5각형의 대각선(對角線)은 서로 황금분할을 이루고 있다.

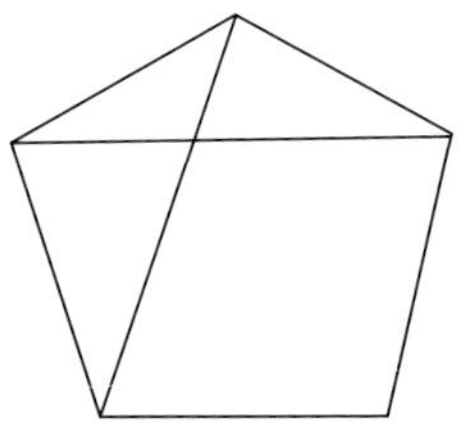

4) 정다면체(正多面體)는 5종류(種類) 뿐이다.

정다면체는 정4면체, 정6면체, 정8면체, 정12면체, 정20면체의 5종류에 한하고 그것 이외는 존재하지 않는다.

정4면체, 정6면체, 정8면체의 3가지는 이집트인에게도 알려져 있었던 사실이고, 정12면체, 정20면체의 발견은 피타고라스 학파의 공적(功績)이다.

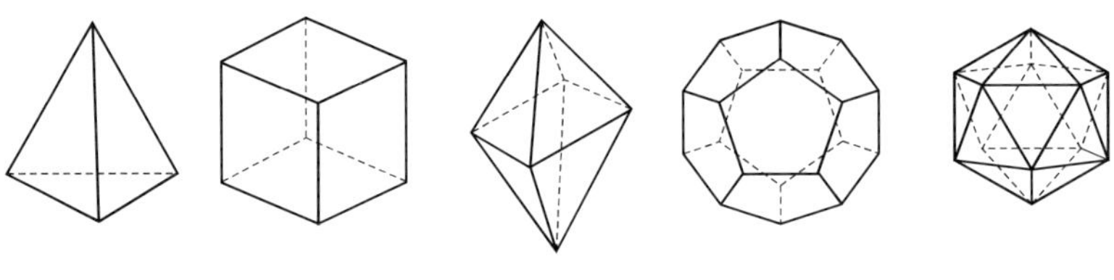

5) 무리수의 발견

피타고라스학파는 수는 관념적인 것이 아니고 자연계에 실재하는 가감적(加減的) 물체였다. 물체는 점(點)의 집합(集合)이므로 「점은 즉 1이다」로 생각했다. 점이 모여서 선분이 되고 선분의 점은 유한개(有限個)이다.

따라서 정 4각형 ABCD의 한 변 AB와 대각선 AC를 생각하면, AB상의 점의 개수를 p, AC상의 점의 개수를 q라 하면

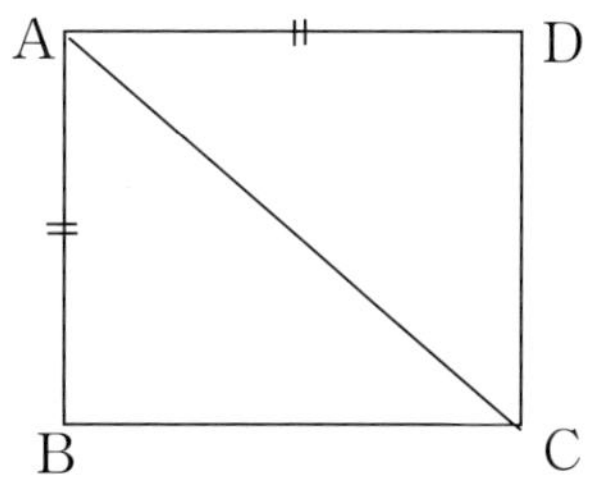

피타고라스의 정리에 의하면

$$q^2 = p^2 + p^2 = 2p^2$$

여기서 q는 짝수가 되어야 한다.

따라서 $q = 2m$이라 두면, $q^2 = 4m^2$ 이것을 위의 식에 대입하면

$$2m^2 = p^2$$

따라서 p도 짝수이다.

그런데 $2p^2$은 p가 짝수이거나 홀수이라도 짝수가 되기 때문에 p가 짝수라는 것은 불합리(不合理)하다.

따라서 AB, AC는 유한개의 점으로 형성되고 있다는 가정은 옳지 않다.

이와 같이 피타고라스학파는 '선분은 유한개의 점으로 형성되어 있다'는 학설을 부정했고, 이것에 부수(附隨)하여 유리수(有理數)가 아닌 수의

존재를 인식했다.

이것은 피타고라스 학파를 놀라게 했다.

이들은 유리수가 아닌 수를 「아로곤」arogon이라 부르고, 그 존재를 극비(極秘)로 했다.

무리수(無理數)의 발견은 피타고라스학파의 큰 업적이라 할 수 있으나 모든 양(量)은 비(比)를 갖는다고 생각한 그들은 이것은 합리적으로 볼 수 없었다. 이것은 조물주의 착오라고 생각하고 절대비밀(絶代秘密)로 했다.

피타고라스학파의 비밀은 필로라우스(Philolaus, B.C. 425~?)가 이 교설(教說)을 써서 공표(公表)해서 오늘날 그 내용을 알 수 있게 되었다.

유리수를 rational number라 하고, 무리수를 irrational number라고 한 것은 피타고라스학파의 생각에서 유래(由來)한다.

그리고 그 당시의 학문은 철학 특히 수학에 한(限)하고 있었기 때문에 단지 지식을 의미하는 Mathematica는 오늘날 Mathematics가 되었고, 이것은 수학(數學)만을 의미하고 있다.

(4) 소피스트학파

기원전 480년에 일어난 살라미스 대해전(大海戰)에서 그리스 군(軍)은 페르시아 군(軍)을 대파(大破)하여 오랫동안의 페르시아의 압박으로부터 벗어날 수 있게 되어 그리스는 점점 번영하게 되었다.

아테네는 그리스 제일의 중심도시로서 정치, 문화 중심지로 제국(諸國)의 학자는 여기에 모였고 아테네 시민은 생활상의 노동은 노예에게 맡기고 스스로 정치와 학문만을 연구하게 되었다.

그래서 소피스트(Sophist)라고 부르는 직업적 교사(職業的 教師)가 나타났다.

소피아는 지(智)를 의미하고 소피스트는 현자(賢者)를 의미한다.

소피스트는 처음에는 교양을 닦으려는 시민에 대한 직업적 교사였으나 변론술(辯論術)을 주(主)로 연구하게 되었다. 그러나 그들이 남긴 기하학상의 공적과 무한(無限)에 대한 이론(理論)은 오늘날의 수학에 큰 영향을 주고 있다.

1) 소피스트의 3대 난문

소피스트 등이 연구한 기하학의 문제로서 유명한 것은 3대 난문(三大難問)이라 부르는 작도불가능문제(作圖不可能問題)이다.

① 각의 3등분 문제

주어진 임의의 각을 3등분하는 작도문제이다.

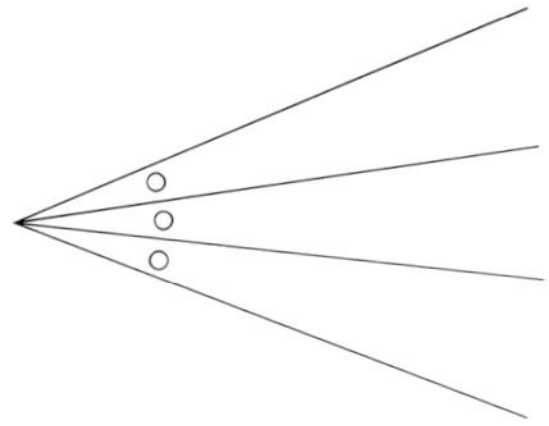

② 입방배적문제이다.

주어진 정6면체의 체적의 두 배인 체적을 갖는 정육면체를 작도하는 문제이다.

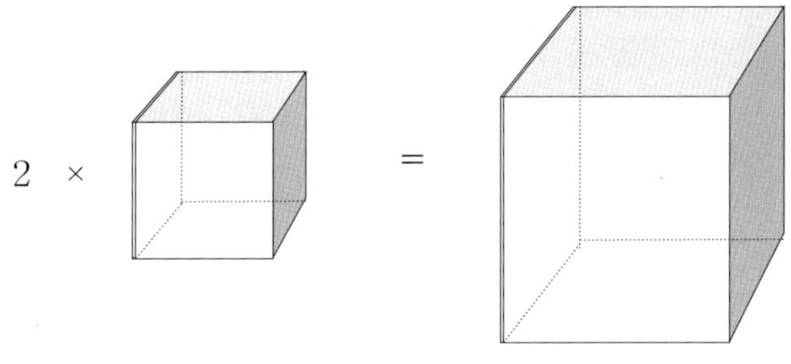

그 당시 데로스(delos)에 악질(惡疾)인 유행병(流行病)이 퍼져서 신(神)에게 빌었더니 「너의 제단(祭壇)의 체적을 두 배로 하는 제단을 만들어라, 그러면 질병은 곧 완치될 것이다」라고 신은 말했다.

그런데 이 일을 일류목공(一流木工)에 명하였더니 한변(一邊)을 두 배로 하는 제단(체적은 8배)을 만들고 말았다. 이 결과 신의 노여움을 사게 되어 데로스는 전멸(全滅)했다는 전설이 있다.

그래서 이 문제를 일면 데로스의 문제라고도 한다.

③ 원적문제

주어진 원의 면적과 같은 정4각형을 작도하는 문제이다.

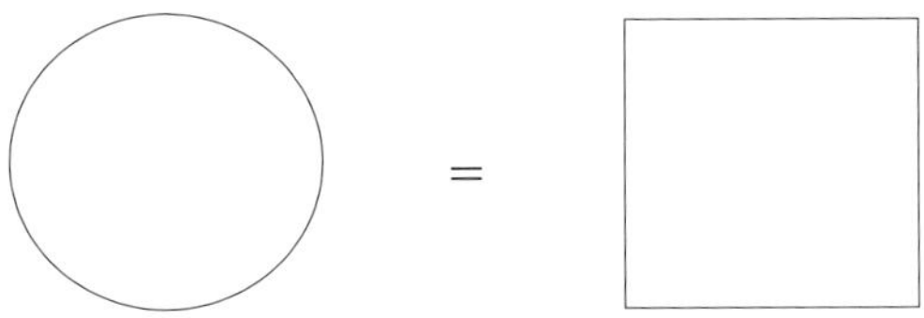

이상이 3대 난문의 내용이다. 여기서 주의해야 할 일은 이 문제를 풀기 위하여 사용한 작도의 기구(器具)는 자(눈금없는)와 컴퍼스에 제한(制限)했다는 것이다.

그들은 자는 직선을 긋기 위하여 사용하고, 컴퍼스는 원을 그리기 위하여 유한회(有限回) 사용하여 이들 문제를 푸는 것을 요구했다.

이것을 작도의 공법(公法)이라 한다.

그들은 가장 간단하고 가장 아름다운 것을 사랑했으며, 직선은 도형 중에서 가장 간단하고 아름다운 것이라고 생각했다.

피타고라스의 말에 의하면 「평면도형(平面圖形) 중에서 원(圓)이 가장 아름답고, 입체도형(立體圖形)중에서 구(球)가 가장 아름답다」고 했다.

이러한 이유에 의하여 직선(直線)과 원(圓)에 의한 작도를 「기하적작도

(幾何的作圖)」라 하고, 직선과 원 이외의 도형 또는 수단과 어떤 기구를 사용할 수 있는 작도를 「기계적작도(機械的作圖)」라 하여 그들은 배척(排斥)했다.

2) 3대 난문의 기계적 작도

소피스트들은 3대 난문의 기하적 작도를 찾을 수 없게 되어 기계적 작도에 의하여 해결하는 데 성공했었다.

에리스의 히피아스(Hippias, B.C.425년경)은 각의 3등분문제를 풀기 위하여 다음과 같은 곡선(曲線)을 고안했었다.

정 4각형 ABCD의 변 AB는 일정한 각속도로 점 A의 둘레를 회전하여 변 AD의 위치에 이르고, 변 BC는 이와 같은 시간내(時間內)에 등속도(等速度)로 평행이동(平行移動)하여 변 AD에 이른다. 이때 AB의 임의의 위치를 AE와 BC의 같은 시각에서의 위치 FG의 교점 P의 궤적을 생각하여 다음과 같은 곡선을 얻었다.

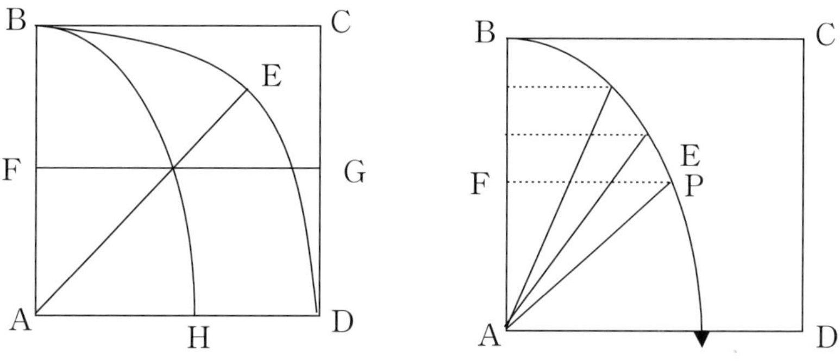

위의 히피아스의 곡선을 이용하여 임의의 각을 3등분하는 문제를 풀 수 있다.

주어진 각을 ∠BAE라 한다. 지금 AE와 이 곡선과의 교점 P를 지나서 BC에 평행선(平行線)을 그어 변 AB의 교점을 F라 한다. 다음 직선 BF를 3등분하여 이들의 분점(分點)을 지나서 직선 BC에 평행선을 그어 히피아스 곡선과의 교점을 점 A와 맺으면 ∠BAE는 3등분한다.

한편, 다이노스트라토스(Deinostratos, B.C.360년 경)는 히피아스 곡선을 이용하여 원적문제를 풀었다.

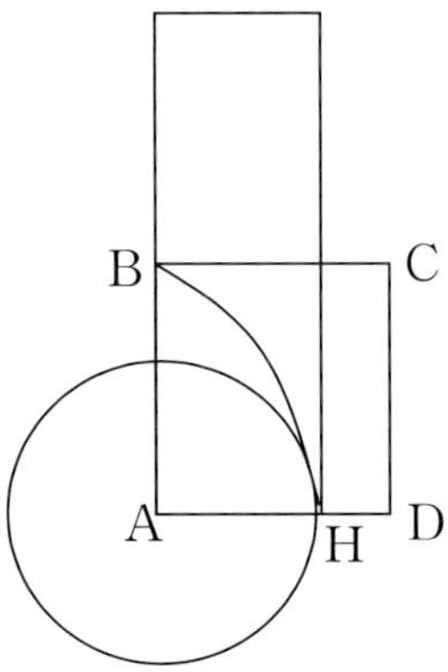

정 4각형의 한 변을 a, 곡선이 변 AD와 만나는 점을 H라 하면

$$\mathrm{AH} = \frac{2a}{\pi}$$

AH를 반지름으로 하는 원을 생각하면, 그 면적은

$$\pi \cdot \mathrm{AH}^2 = \pi\left(\frac{2a}{\pi}\right)^2 = \frac{4a^2}{\pi}$$

$$= \frac{2a}{\pi} \cdot 2a = \mathrm{AH} \cdot 2a$$

이다.

즉, AH와 $2a$를 두 변으로 하는 직 4각형의 면적과 같다.

따라서 이 직 4각형의 면적과 같은 정 4각형을 작도하면 주어진 원의 면적과 같게 된다.

3) 3대 난문의 기하적 작도

기하적 작도는 작도의 방법에 의하여 자와 컴퍼스만을 사용하여 문제를 해결해야 한다.

따라서 자와 컴퍼스만으로 작도가 불가능한 경우가 있다.

소피스트가 생각한 위의 3대 난문은 약 2000년 동안 많은 학자가 연구하였으나 해결을 보기 못하였다. 이 문제는 겨우 19세기에 와서 해결을 보았다. 즉, 자와 컴퍼스만으로는 작도가 불가능하다는 것이 증명된 것이다.

그러면 작도가 가능할 조건을 구하여 보자.

자와 컴퍼스로서 작도되는 점은 3가지의 경우뿐이다.

두 직선의 교점 직선과 원 두 원의 교점

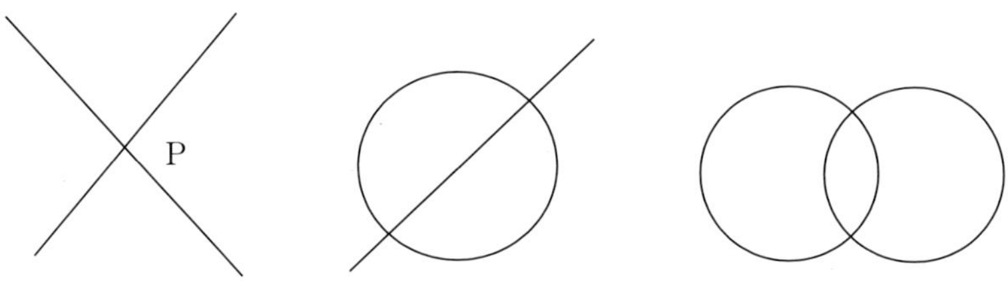

$\begin{cases} ax + by + c = 0 \\ a'x + b'y + c = 0 \end{cases}$ $\begin{cases} ax + by + c = 0 \\ x^2 + y^2 + 1c + my + u = 0 \end{cases}$ $\begin{cases} x^2 + y^2 + ax + by + c = 0 \\ x^2 + y^2 + a'x + b'y + c' = 0 \end{cases}$

여기서 연립방정식의 해법은 4칙연산과 개평(開平)에 의하여 구할 수 있다.

따라서, 자와 컴퍼스에 의하여 작도될 수 있는 점은 대수적으로 풀 때 4칙연산과 개평만으로 구할 수 있어야 한다.

즉, 작도가능인 수는 2차수체(2次數體) $a + b\sqrt{n}$ (a, b는 유리수)가 되어야 한다.

① 각의 3등분 문제

$\angle AOB = \theta$라 하고, 이것을 OC, OD로서 3등분되었다고 하자.

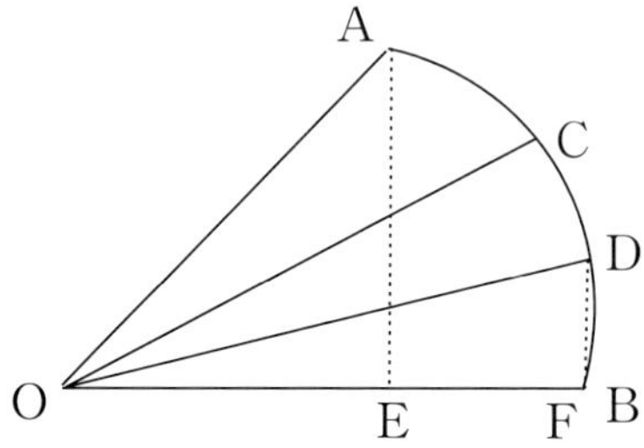

O를 중심, 반지름 2인 원을 그려 각의 변 및 3등분선과의 교점을 각각 A, B, C, D라 하자. A, D에서 OB에 내린 수선의 발을 E, F라 하고 $OE = a$, $OF = x$라 하면

$$\cos\theta = \frac{a}{2},\ \cos\frac{\theta}{3} = \frac{x}{2}$$

이것을 3배각의 공식

$$\cos\theta = 4\cos^3\frac{\theta}{3} - 3\cos\frac{\theta}{3}$$

에 대입(代入)하면

$$\frac{a}{2} = 4\left(\frac{x}{2}\right)^3 - 3\left(\frac{x}{2}\right)$$

$$\therefore\ x^3 - 3x - a = 0$$

따라서, 이 문제는 a의 값이 주어지면 3차방정식의 근(根)을 구하는 문제가 된다.

일반적으로 3차방정식의 근은 유리근(有理根)일 때는 작도가 가능하나 그 이외의 경우는 작도불가능하다.

특히, $\theta = 60°$라 하면 위의 3차방정식은 $x^3 - 3x - 1 = 0$ 이 된다.

여기서 $x = -1, 1$은 근이 아니므로 위의 방정식은 유리근을 갖지 않는다.

따라서 위의 각의 3등분문제는 작도불가능이다.

(참고) 각의 3등분문제는 다음과 같은 기구를 사용하면 작도가 가능하다.

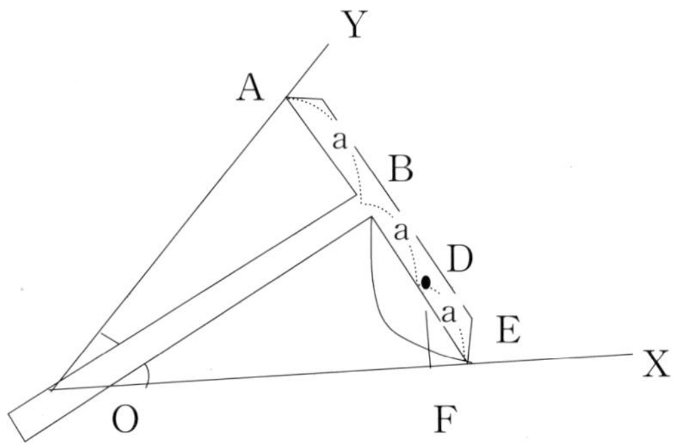

여기서 T자의 그림과 같이 반원을 붙여 두고 AB = BD = r 이다.

② 입방배적문제

주어진 정 6면체의 한 변을 a라 하고, 구하는 정 6면체의 한 변을 x라 하면 3차 방정식을 얻는다.

$$x^3 = 2a^3 \qquad \therefore\ x = \sqrt[3]{2}a$$

이것을 4칙계산과 개평으로 구할 수 없으므로 작도불가능이다.

③ 원적문제

주어진 원의 반지름을 r이라 하고, 이와 등적(等積)인 정4각형의 한 변을 x라

$$x^2 = \pi r^2 \qquad \therefore x = \sqrt{\pi}\, r$$

이 문제는 π의 작도가 가능할 때 해결될 수 있다.

그런데 1882년 리드만(Lindeman, 1852~1939)에 의하여 π가 초월수라는 것이 증명되었다.

초월수(超越數)는 작도불가능이므로 원적문제(圓積問題)는 작도불가능이다.

4) 제논의 역설(逆說)

그리스시대에 있어서 무한(無限)의 개념은 도형의 면적을 구하는 적진법(積盡法)에 이용되고 있으나 일반적으로는 해결하지 못하였다.

플라톤(Plato) 학파에 있어서는 수학에서 이 무한이라는 개념을 추방하려 했었다.

그들이 이 무한에 대하여 얼마나 회의적인가를 알아보기 위하여 유명한 이태리 에레아 학파인 제논(Zenon, B.C. 490~430)의 역설을 소개한다.

「그리스의 아킬레스는 거북이를 영원히 추월할 수 없다.」

왜냐하면 아킬레스가 거북이의 자리까지 오면 거북이는 조금 전진한다. 다음에 아킬레스가 또다시 거북이가 있었던 자리에 오면 역시 거북이는 얼마만큼 전진하게 된다. 이와 같이 하면 아킬레스는 영원히 거북이를 따라갈 수 없다.

지금 아킬레스의 속도를 1분간 Vm, 거북이의 속도를 1분간 $\frac{V}{10}$m라 하고 최초의 간격을 Vm라 하자.

그러면 아킬레스가 제 n번째에 거북이가 있던 자리에 올 시간은

$$1 + \frac{1}{10} + \frac{1}{100} + \cdots + \frac{1}{10^n} = \frac{10}{9}\left(1 - \frac{1}{10^n}\right)(\text{분})$$

그런데 $\frac{10}{9}\left(1 - \frac{1}{10^n}\right) < \frac{10}{9}$이므로 아킬레스는 $\frac{10}{9}$분 이내에는 거북이를 따라갈 수 없다.

위의 식의 우변은 n을 크게 하면 $\frac{10}{9}$분에 접근하고 최초 Vm 떨어진 것을 속도의 차

$$\mathrm{V} - \frac{V}{10} = \frac{9}{10}\mathrm{V}\text{로 따라가면}$$

$$\mathrm{V} \div \frac{9}{10}\mathrm{V} = \frac{10}{9}(\text{분})$$

의 시간이 요(要)하게 된다.

즉, 아킬레스는 $1\frac{1}{9}$분 내에는 거북이를 따라갈 수 없다.

(4) 플라톤학파

그리스는 펠로폰내소스전쟁(B.C.431~404) 이후 정치적인 힘은 쇠퇴(衰退)하였으나 여전히 학문, 문화의 중심지(中心地)로서 오랫동안 번영했었다.

플라톤(Plato, B.C.427~347)

아테네 출생, 명문(名門) 출신으로 젊었을 때는 정치를 지망하였으나, 소크라테스가 사형되는 것을 보고 정계에 대한 미련을 버리고 인간 존재의 참뜻이 될 수 있는 것의 추구를 탐구하기 시작하였다. B.C. 385년 경 아테네의 근교에, 아카데메이아(Akademeia)를 개설하고 각지에서 청년들을 모아 수학과 철학연구에 전념하는 사이 80에 이르렀다. 그 동안 두 번이나 시칠리아섬을 방문하여 시라쿠스의 영주(領主) 디오니시오스 2세를 교육, 이상정치를 실현시키고자 했으나 좌절되었다. 그러나 그러한 시도는 그의 철학의 방향을 잘 말해준다.

이 시대에 그리스 최대의 철학자(哲學者) 소크라테스(Socrates, B.C. 469~399)와 그의 제자(弟子) 플라톤(Plato, B.C.427~347)이 있었다.

플라톤은 철학자인 동시에 자연과학적 교양에 깊은 관심과 연구가 있었고 특히 수학에 있어서는 개개(個個)의 정리와 이론의 발견보다는 방법론에 많은 공헌을 하였다.

플라톤은 피타고라스 학파(學派)와 소피스트와 친교(親交)를 맺고 있었고 특히 수학(數學)을 테스도로스(Thesdoros, B.C.410~?)에게서 배웠다.

그는 아카데미의 숲에 세계 최초의 학교를 세우고, 그 교문(校門)에

「기하학을 모르는 자는 이 문을 들어오지 말라」

라고 쓴 사실은 너무나 유명한 말이다.

(5) 업적

1) 기하학에서의 정의(定義), 공준(公準), 공리(公理), 정리(定理)의 사상(思想)을 확립하여 기하학의 방법론적 연구를 했었다.

2) 철학 및 수학에 있어서 해석적방법(解析的方法)과 종합적방법(綜合的方法)을 확립했다.
3) 오이독소스(Eudoxous, B.C. 409~355년 경)는 비례론을 전개했다. 그리고 그는 구분구적법(區分求積法)에 의하여 정4면체의 체적

$$V = \frac{1}{3}a^2h$$

를 구했다.
4) 오이독소스의 제자 매내츠무스(Menaechmus, B.C.375~325경)는 원추곡선(圓錐曲線)의 개념에 도달하여 포물선(抛物線), 타원(楕圓), 쌍곡선(雙曲線)의 수식을 얻었다.
5) 아리스토텔레스(Aristoteles, B.C.384~322)는 논리학(論理學)을 오이데무스(Eudemus, B.C.335년 경)는 기하학사(幾何學史)의 연구(硏究)에 공적(功績)이 있었다.

4 알렉산드리아 시대의 수학

그리스의 문화도 플라톤 학파의 시대(時代)를 고비로 점차 쇠퇴(衰退)하기 시작하여 기원전 338년 마케도니아의 왕 필립에게 패한 후 아테네는 독립(獨立)을 하지 못하고 패망(敗亡)의 운명(運命)에 놓이게 되였다.

필립의 아들 알렉산더 대왕(大王)은 세계정복(世界征服)을 꿈꾸고, 드디어 동(東)은 인도까지, 서(西)는 이탈리아에 이르는 대국가(大國家)를 건설했다.

그는 무력정치 뿐 아니라 문화의 발전에도 공헌한 바가 크다. 그리스 문화를 타국에 소개하고 동양적문화(東洋的文化)를 그리스 문화에 교류(交流)시켰다.

이렇게 하여 이루어진 것이 소위 헬레니즘(Hellenism) 문화이다.

알렉산더 대왕의 사후 이 대세계국가(大世界國家)도 분열하여 이집트는 프톨레마이오스에 의하여 계승(繼承)되었고, 그 수도(首都) 알렉산드리아는 오랫동안 문화의 중심으로서 번영했었다.

프톨레마이오스는 여기에 여러 가지 문화시설을 세우고 각지의 학자를 초빙하여 학문의 전성시대를 이루었다.

여기서 알렉산드리아 시대를 전기(前期)와 후기(後期)로 나누어서 생각하자.

(1) 전기

알렉산드리아의 전기에 유명한 수학자로 유클리드, 아르키메데스, 아폴로니우스의 세 사람을 들 수 있다.

1) 유클리드

유클리드의 생애에 대해서는 아무것도 알려져 있지 않다. 다만, 기원전 300년 경의 사람으로 프톨레마이오스의 초청에 응해서 알렉산드리아에 와서 그 당시까지 알려진 수학에 관한 내용을 매우 엄격한 증명을 통하여 전13권의 대저(大著) 스토이체이아(Elements)원본(原本)을 출간했다.

유클리드는 그리스기하학, 즉 '유클리드기하학'의 대성자이다. 그의 일생에 관해서는 알렉산드리아에서 프톨레마이오스 1세에게 수학을 가르쳤다는 것 외에는 확실한 것이 없다. 그의 저서 「기하학원본(기하학원론 또는 단지 원론·원본으로 불리기도 한다)Stoicheia」(13권)은 플라톤의 수학론을 기초로 한 것으로, 그 이전의 수학(기하학)의 업적을 집대성(集大成)함

유클리드(Euclid, B.C.300)

과 동시에 계통을 부여하여 상당히엄밀한 이론 체계를 구성하였다. 기하학에 있어서의 경전적 지위(經典的地位)를 확보함으로써 유클리드라 하면 기하학과 동의어로 통용되는 정도에 이르고 있다.

이 책은 성서(聖書) 다음으로 많이 읽혀진 영구불멸(永久不滅)의 명저(名著)이다.

이 원본(原本)은 20세기에 이르기까지 수학의 교과서로 사용되어 왔었다.

이 원본을 교과로서 기하학을 배우고 있던 프톨레마이오스 왕이 실증이 나서 유클리드에 대하여

「유클리드여, 원본보다 좀더 쉬운 방법은 없는가」

라고 묻는 왕에게 유클리드는

「기하학에는 왕도가 없다」

라고 말한 것은 너무나 유명하다.

유클리드의 원본(原本)은 23개의 정의(定義)와 5개의 보통공리(普通公理) 그리고 5개의 기하공준(幾何公準)으로 되어 있다.

- 보통공리
  1. 동일한 것에 같은 것은 서로 같다.
  2. 같은 것에 같은 것을 더하면 그 전체는 같다.
  3. 같은 것에 같은 것을 빼면 그 남은 것은 같다.
  4. 서로 포갤 수 있는 것은 서로 같다.

5. 전체는 부분보다 크다.

- 기하공준
  1. 임의의 점으로부터 임의의 점(點)까지 하나의 직선을 그을 수 있다.
  2. 한정된 직선(선분)은 양쪽으로 연장하여 한 직선으로 만들 수 있다.
  3. 임의의 중심과 임의의 반지름으로 원을 그릴 수 있다.
  4. 직각은 모두 같다.
  5. 한 직선이 두 직선과 만날 때 같은 쪽 내각의 합이 2 직각보다 작으면 그 직선을 그쪽에서 만난다.
- 평행선 공리

공준(公準)은 하나의 요청을 의미하고 기하학 사고의 기초가 되는 명제(命題)로서 진(眞)이라고 승인된 것을 의미하였다.

그러나 힐베르트(Hilbert, 1862~1943)가 유클리드의 원본을 재검토한 결과 유클리드의 기하학은 위의 5공준(五公準)으로는 성립하지 않는다고 밝혔고, 새로운 5공리(結合, 順序, 合同, 連續, 平行)가 있어야 한다고 했었다.

그리고 비 유클리드기하학(非 Euclid幾何學)의 발견에 의하여 공리는 진이라고 승인된 명제로서 하나의 가정을 의미하고 공리계(公理系)는 독립성(獨立性), 무모순성(無矛盾性), 완전성(完全性)을 만족해야 한다.

2) 아르키메데스

시칠리아섬의 시라쿠스 출생, 천문학자 피디아스의 아들로 태어나, 젊어서부터 기술에 재능이 있어, 그가 만든 수력천상의(水力天象儀)는 극히 정밀하였다고 전해진다. 당시 문화의 중심이던 알렉산드리아의 대(大)연구소 무세이온에서 수학자 코논(Conon : BC 260년경 활약)에게 기하학을 배우고 시라쿠스로 돌아와 많은 수학서(數學書)를 썼다. 그는 기하학을 기술과 연결지은 학자로서 더 나아가 원주율이라든가, 우주의 크기를 나타내는 기수법(記數法) 등, 수학을 널리 실제문제 해결에 연결지음으로써 한층 더 그리스수학을 진전시킨 학자였다.

고대 그리스 최대의 과학자인 아르키메데스는 시실리섬의 시라쿠스에서 출생하여 그 당시의 왕 히에로 2세로부터 사랑을 받고 알렉산드리아에 오랫동안 유학하고 귀국하여 고향에서 일생을 수학을 연구하였다. 그는 로마의 진공(進攻)으로부터 조국을 방위하기 위하여 활차(滑車)를 이용하여 군함(軍艦)을 끌어당겨 반사경(反射鏡)을 이용하여 적함(敵艦)을 소각(燒却)시킨 것은 유명(有名)한 이야기이다.

아르키메데스(Archimedes, B.C. 287~212)

여러 가지 무기를 발명하여 적군을 괴롭혔으나 시라쿠스가 로마 군(軍)에 점령 되었을 때 아르키메데스는 모래 위에 원을 그려서 연구에 전념하였다. 그때 로마 병사가 그 원을 밟았을 때 그는 갑자기

「나의 원을 밟지 말라」

라고 소리쳐서 로마 병사의 창에 찔려 죽었다고 한다.

아르키메데스의 특징은 역학(力學) 및 물리학(物理學)의 영역(領域)에서 실험적 형식(實驗的 形式)과 이론적 형식(理論的 形式)을 만들어 내는데 정확한 수학적 방법을 적용(適用)한 것이다.

3) 업적

1. 활차, 반사경과 같은 무기를 발명했다.
2. 히에로 왕의 왕관의 진위(眞僞)를 판명(判明)했다.

히에로 왕이 대장간에서 순금의 왕관을 만들게 했다.

그러나 과연 순금의 왕관을 만들었을까 하고 의문시하는 왕이 아르키메데스에게 명하여 조사(調査)를 하도록 했다.

아르키메데스는 감별법(鑑別法)에 고심(苦心)하고 있을 때 어느날 목욕탕안에서 자기(自己)의 몸이 조금 가벼워진 것을 깨닫고

「물체는 수중에서 그것과 동체적인 물의 무게만큼 가벼워진다」

라고 하는 아르키메데스의 원리를 발견했다.

아르키메데스는 너무나 기쁜 나머지

「나는 발견했다」

하며 알몸으로 집에 돌아갔다고 전하여지고 있다.

3. 도형의 면적을 적진법(Method of Exhaustion)에 의하여 구했다.

원의 면적 $= \frac{1}{2}$ (원주)×(반지름)

포물선의 면적 $= \frac{4}{3} \triangle OPQ$

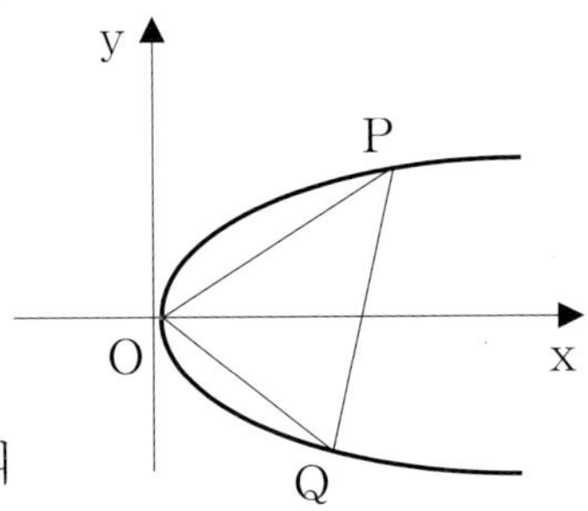

4. π의 계산

$3\frac{10}{71} < \pi < 3\frac{1}{7}$

5. 한 원주에 구가 내접할 때 원주의 $\frac{2}{3}$가 구(球)의 체적과 같다.

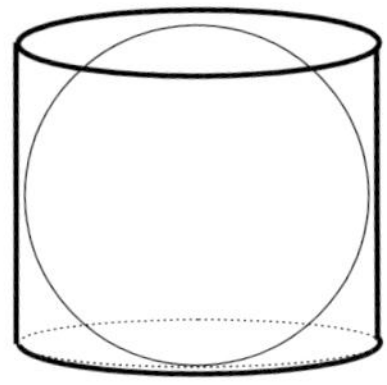

※ 아르키메데스가 로마병의 창에 찔려 죽었다는 이야기를 듣고 로마의 대장 마루세루스는 아르키메데스의 유언에 따라서 위쪽 모양의 묘(墓)를 만들어 주었다고 한다.

4) 아폴로니우스(B.C. 262~190)

매내키모스(Menaechmos)는 일찍이 원추곡선에 대하여 연구가 되어 있었으나 그것이 기하학적이 아니라는 이유에 의하여 유클리드의 원본에 실리지 못하였을 것으로 생각하였다.

직선(直線) 및 원(圓) 이외의 곡선의 필요성은 당시 여러 사람이 생각하였다.

아폴로니우스는 여러 사람이 연구한 원추곡선에 관한 결과를 모아서 정리하여 원추곡선(圓錐曲線) 8권을 저술(著述)했었다.

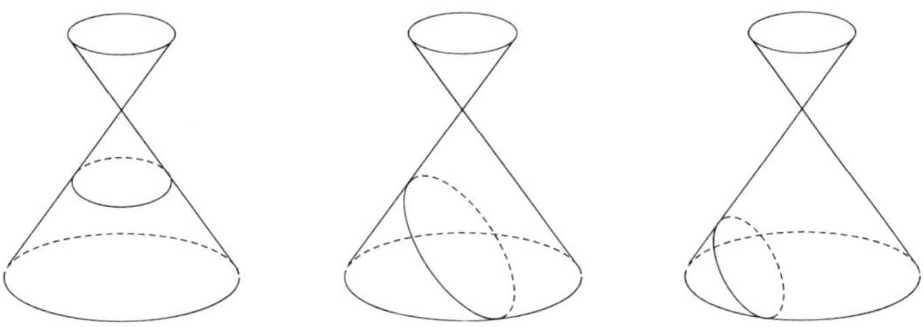

직원추(直圓錐)를 한 평면으로 절단할 때 그 절단면의 위치에 따라서 원(圓), 포물선(抛物線), 타원(楕圓), 쌍곡선(雙曲線)을 얻는다는 것은 아폴

로니우스의 착안(着眼)이다.

다음에 아폴로니우스의 궤적(軌跡)도 유명(有名)하다.

「두 정점으로부터 거리의 비가 일정한 점의 궤적은 두 정점을 내 · 외분하는 점을 지름의 끝으로 하는 원(圓)이다」

(2) 후기

기원전 146년에 이탈리아반도에서 일어난 로마인에 의하여 지배되었으나 여전히 알렉산드리아는 학문, 문화의 중심의 위치를 유지하고 알렉산드리아 후기를 형성하게 되었다.

그리스의 이론적 연구는 계속되었으나 교통이 발달함에 따라서 동서사상(東西思想)의 교류는 점점 빈번하게 되고 항해술(航海術)의 요구에 의하여 천문학 삼각법이 발달되어 본격적인 연구가 이루어졌다.

히파르초스(Hipparchos)는 삼각법의 기초(基礎)를 창조하고 오늘날의 삼각함수표에 해당하는 표를 작성했다고 한다. 그리고 구면삼각법(球面三角法)의 초보(初步)에 대해서도 연구했다고 한다.

그리고 1년 = 365일 5시간 55분 12초도 발견했다.

알렉산드리아의 후기에 있어서 수학은 그리스 전통을 받은 이론적인 반면, 동양의 영향과 당시의 실용적인 면도 발달했었다.

그 당시의 실용적인 학자를 소개한다.

1) 헤론

헤론(Heron, B.C. 120), 62~150년 경에 알렉산드리아에서 활약하였다. 이론보다 수학 · 역학의 응용면에서 능력을 발휘하였으며, 조준의로 토지를 측량하거나 월식(月蝕)을 이용하여 로마~알렉산드리아의 거리를 측정하였다. 또 일종의 증기터빈인 「헤론의 기력구(汽力球)」와 수력(水力)

헤론(Heron, B.C. 120)

오르간, 주화(鑄貨)를 넣으면 물이 나오는 「성수함(聖水函)」, 기타 여러 가지 자동장치를 발명하였다. 수학에서는 꼭지부분을 잘라낸 피라미드(사각뿔대)의 부피나 제곱근·세제곱근의 근사값을 구했으나, 유명한 '헤론의 공식(3각형의 3변의 길이에서 그 넓이를 구하는 방법)'은 헤론 자신의 발견은 아닌 듯하다. 그러나 그 많은 유용한 고안이 당시의 사회제도(노예제도)에서는 놀이감으로 밖에 쓰이지 않았던 것 같다.

실용적 수학자의 한 사람으로 헤론(Heron)의 공식을 발견했다.

「Heron의 공식」

△ABC의 세변의 길이를 a, b, c라 할 때 △ABC의 면적 S는

$$S = \sqrt{s(s-a)(s-b)(s-c)}, \quad s = \frac{1}{2}(a+b+c)$$

이다.

2) 메넬리우스

메넬리우스(Menelaus, 100년 경)

메넬리우스(Menelaus, 100년 경), 이집트의 알렉산드리아에서 출생하고, 98년 로마에 천문대를 건립하였다. 저서로, 원의 현에 관한 저작(6권)이 있었다고 하나 없어지고, 지금까지 남아 있는 것으로는 아라비아어 · 헤브라이어 · 라틴어 등으로 번역된 「구면학(球面學, Sphaerica)」(3권)이 있다.

이것은 구면삼각형을 취급한 것으로, 유클리드의 평면삼각형에 대응하는 것이라 할 수 있다. 제1권에는 구면삼각형의 개념과정의 등이 있고 제 2권은 천문학의 입장에

서 구면학을 취급하였으며, 제 3권에는 '메넬리우스의 정리'를 비롯하여 유클리드의 「기하학원본」제 6권과 유사한 비례의 제명제(諸命題)가 있다.

메넬리우스는 천문학(天文學) 특히 구면천문학(球面天文學)의 기초를 확립하고 구면삼각법에 대한 3권(三卷)의 대저(大著)가 있다.

그리고 다음의 정리는 유명하다.

「Menelaus의 정리」

△ABC의 세변 BC, CA, AB 또는 그 연장을 일직선이 점 P, Q, R에서 각각 끊으면

$$\frac{BP}{CP}\cdot\frac{CQ}{AQ}\cdot\frac{AR}{BR}=-1$$

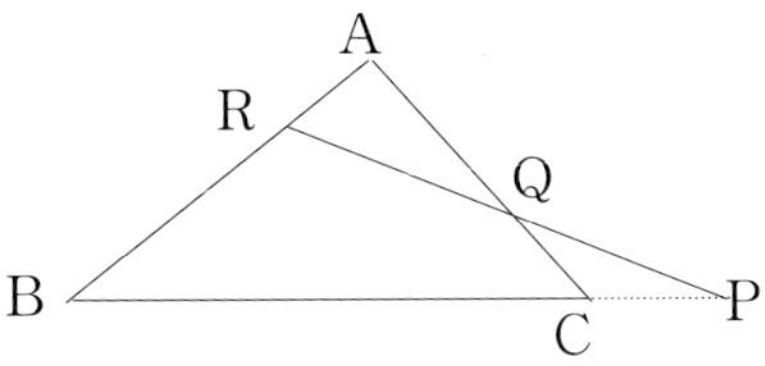

3) 프톨레마이오스(Ptolemaios or ptolemy, 85~165)

프톨레마이오스는 20여년의 천문관측(天文觀測)의 결과 전13권(全13卷)의 천문학에 관한 대저(大著)를 저술했다.

여기에 실려있는 지구 중심의 프톨레마이오스 우주계(宇宙系)는 기독교의 교리에 일치(一致)되어 있기 때문에 코페르니쿠스(Copernicus)의 지동설(地動說)이 나타나기까지 근천수백년(近千數百年)을 지배(支配)했었다.

초등기하학(初等幾何學)에 있어서 유명한 톨레미(Ptolemy)의 정리(定理)는 다음과 같다.

「Ptolemy의 정리」

원에 내접하는 4각형 ABCD에 있어서

$$AB \cdot CD + AD \cdot BC = AC \cdot BD$$

가 성립한다.

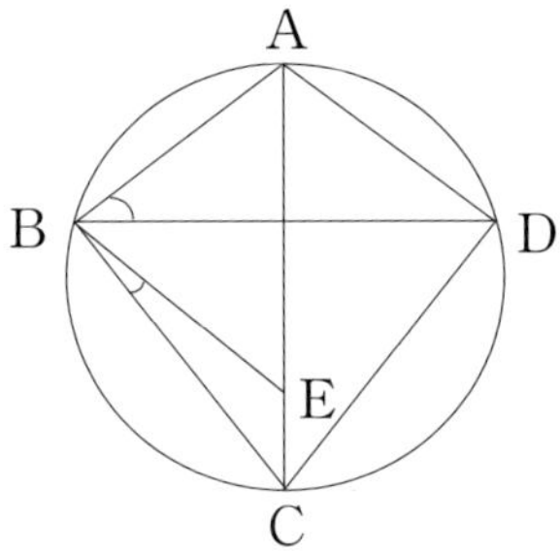

4) 디오판투스(250년 경)

알렉산드리아 말기(末期)에 근세(近世)의 정수론(整數論)의 아버지 디오판투스(Diophantus)가 나타나고 있다. 그의 저서(著書)인 수론(數論)(Arithmetica)은 근세의 정수론의 기초가 되었다.

그는 일차방정식과 이차방정식의 해법에 있어서 놀라운 교호성(巧好性)을 발휘하고 있다.

가령

문 1 두 수의 합은 30, 제곱의 차(差)는 120이다. 두 수(數)를 구하라.

두 수를 각각 $15 + x$, $15 - x$라 두면

$$(15 + x)^2 - (15 - x)^2 = 120$$

$$60x = 120$$

$\therefore \ x = 2$

따라서 두 수는 17, 13이다.

문 2 2차방정식 $x^2 + x = 2$를 풀어라.

해는 $x = 1$, $x = -2$이지만 그 당시 음수의 개념이 결여되어 있기 때문에 양의 근 $x = 1$만을 채택하고 음의 근 $x = -2$는 채용하지 않았다.

2차방정식의 일반적해법은 중세기의 인디아에서 처음으로 해결을 보게 되었다.

문제 1

(1) 헤론의 공식 메넬라우스의 정리 톨레미의 정리를 증명하라.

(2) △ABC의 내접원의 반지름을 r이라 하면

$$\mathrm{r} = \sqrt{\frac{(s-a)(s-b)(s-c)}{s}} \qquad \mathrm{s} = \frac{1}{2}(a+b+c)$$

(3) △ABC의 외접원의 반지름을 R이라 하면

$$\mathrm{R} = \frac{abc}{4S} = \frac{abc}{4\sqrt{s(s-a)(s-b)(s-c)}}$$

(4) Pappus(B.C. 300)의 정리를 증명하라.

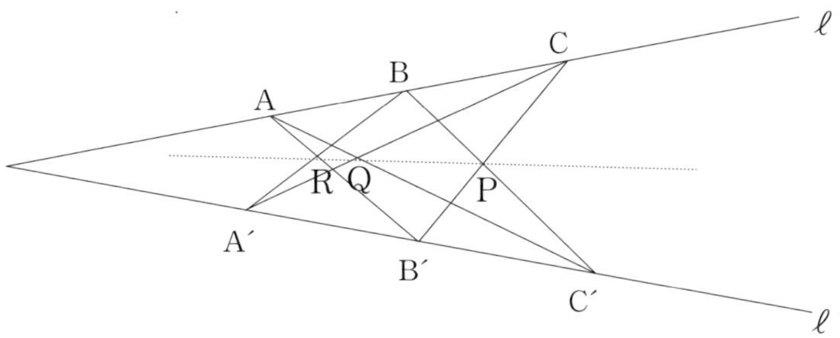

P＝BC´ · B´C, Q＝AC´ · A´C, R＝AB´·A´B라 하면 3점 P, Q, R은 1직선 상에 있다.

5) 히파티아

히파티아
(Hypatia, 370～415)

히파티아(Hypatia, 370~415), 알렉산드리아에는 Theon(350~400)이란 학자가 있었고, 그의 딸 히파티아라는 미모와 재능에 뛰어난 유명한 수학자가 있다. 그녀는 플라톤, 아리스토텔레스 등에 대한 강의를 하였다가 이교(異敎)의 선포자라 하여 기독교의 독선적인 폭도에 의하여 비극적인 최후를 마쳤다. 프톨레마이오스의 주교(主敎)가 된 키레네의 쉬네시오스는 그녀의 가장 저명(著名)한 제자(弟子)이다. 스이다스에 몇 가지 그녀의 수학(數學), 천문학적 저술(著述)의 표제가 있으나 책은 모두가 잔존(殘存)하지 않는다.

02 중세의 수학

CHAPTER

"대부분의 과학에서는 새 세대에는 이전 세대의 이론을 허물고 새 이론을 세운다. 오직 수학에서만, 각 세대는 예전의 이론적 구조 위에 새 이론을 세운다."

— 한켈(H.Hankel) —

MEMO

02 중세의 수학
CHAPTER

알렉산드리아에 대도시가 세워진 300년 후에 이집트는 로마에 의하여 정복되고 모든 실권은 로마인에게 옮겨졌다.

이집트와 바빌로니아의 실용적 수학은 그리스에 계승되어 합리적이고 이론적인 수학으로 발전되었다. 그러나 로마인은 실용적 성격으로 인하여 그리스 수학의 추상성에 대하여 아무런 공헌도 하지 못하였다. 여기서 그리스의 찬란한 연구도 로마에 있어서 절단되었다.

로마시대에 있어서 주로 산수(算數)와 대수(代數)가 발달된 것은 실용적인 면을 존중하는 로마인의 성격에도 기인하지만 동양적인 영향도 무시할 수 없다.

동양에 있어서의 수학은 중국과 인도에서 주로 발달되었다.

중국의 수학은 아시아에 큰 영향을 주었으며, 인도의 수학은 아라비아를 경유하여 유럽에 수입되고 여기에 로마의 수학과 결합하여 중세의 수학을 형성한 것이다.

1 중국의 수학

중국의 수학은 이집트와 그리스에 관계없이 태고시대(太古時代)부터 독자적으로 발달되었다는 것은 부정할 수 없는 사실이다.

그러나 고대 중국의 과학에 관한 자료는 빈약하고 단편적이어서 그 전체를 파악하기 힘든다.

현재 중국의 수학에 관한 자료는 주비산경(周脾算經)과 구장산술(九章算術)의 두 개가 있다. 주비산경은 어느 시대에 누가 쓴 것인가 전연 알지 못하고 있다.

주비(周脾)는 직립막대기를 사용한 일시계(日時計)를 의미하며, 주비산경은 여기에 사용하는 산수를 의미한다.

주비산경에는 직각 3각형과 닮음 3각형의 성질과 이것을 측량술에 응용하는 방법을 이야기하고 있다.

구장산술은 기원전에 중국에서의 수학적 업적을 특수한 방법으로 모아서 남긴 것이다.

이 책은 탁월한 수학자였던 장창(張蒼)이 B.C. 152년에 그때까지 알려진 수학적 내용을 체계화한 것이다.

구장산술은 그 후 여러 사람에 의하여 개정증보 되었다. 기원전 1세기에 경수창(耿壽昌), 기원전 3세기에 류휘(劉徽), 6세기에 견란(甄鸞), 7세기에 이순풍(李淳風, 602~670)에 의하여 보완되었다고 한다.

이와 같이 구장산술은 개정증보(改訂增補)되어 여러 가지 내용을 가진 독특한 수학백과사전(數學百科辭典)이 되었다.

기원 7세기에서 10세기 사이에는 이 책이 중국의 관리를 등용하는데 기본교과서가 되었다.

이 책에서 다룬 문제는 246문(問)이다.

(1) 구장산술의 내용

1) 전답(田畓)의 면적을 구하는 문제를 취급하고 있다.
면적의 단위는 두 변이 각각 15보, 16보인 직사각형을 사용하고 있다. (1보(步) = 133cm)
단, 부채꼴의 면적을 계산하는데 초기에는 $\pi=3$을 사용하고 있다.
2) 기수법은 십진법을 쓰고 4자리씩 끊어서 읽는다.
3) 4칙계산이 완성되고 분수의 제법에서 먼저 공통분모(共通分母)를 만들어서 계산하는 것이 현재와 다르다.
4) π의 값을 당시의 수학자는 좀더 정확히 계산했다.
기원전 1세기에 류관(劉款)은 $\pi=3.1547$, 기원 2세기에 장형(張衡)은 $\pi=\sqrt{10}=3.1623\cdots$, 기원 3세기에는 원에 내접하는 정다각형의 변을 계산하여 $\pi=3.14$를 사용했다.
류휘(劉徽)는 내외접 192각형을 계산하여 $\pi=3.14$를, 다음에 3072각형을 그려서 $\pi=3.14159$를 얻었다고 한다.
그리고 조중지(組仲之, 430~501)는 π의 근사치 $\frac{22}{7}<\pi<\frac{355}{113}$를 얻었고(약률(約率), 밀률(密率)) 유효숫자(有效數字) 7자리의 범위 $3.1415926<\pi<3.1415927$을 얻고 있다.
5) 여러 가지 곡물을 교환하는데 비례를 사용하고 있다.
특히 연비(連比), 비례배분(比例配分)의 원리(原理), 정비례(正比例)를 취급하고 있다.
6) 산술급수(算術級數) 즉, 차차급수(差差級數)의 합을 구하는 공식을 6세기(世紀)의 장구건(張丘建)의 논문에 나와 있다.
7) 개평(開平), 개입(開立), 원의 면적으로부터 반지름을 구하는 문제를

취급하고 있다.

구(球)의 면적 V = 1644866437500척(尺)일 때 지름 d = $\sqrt[3]{\frac{16}{3}}$ V에서 $\pi = \frac{27}{8}$을 써서 d = 14300척(尺)을 얻고 있다.

8) 일차방정식, 연립 일차방정식을 푸는데 복가정법(複假定法)을 사용하고 있다.

예제 1 금괴 9개와 은괴 11개의 무게가 같고, 금괴와 은괴를 한 개 바꾸면 금괴 쪽이 13량(兩) 가벼워진다고 한다. 각각의 무게를 구하여라.

$$9x = 11y, \qquad 8x + y + 13 = 10y + z$$

이것을 푸는데 복가정법(複假定法)을 사용한다.

$x_1 = 3$(兩), $x_2 = 2$(兩)이라 하면

$$y_1 = 2\frac{5}{11}(兩),\ y_2 = 1\frac{7}{11}(兩)$$

이것을 $z = \mathrm{b}x + y + 13 - (10y + x) = 7x - 9y + 13$ 에 대입하면, $x_1 = 3$(兩)이면

$z_1 = \frac{-131}{11 \times 16}$(斤), $x_2 = 2$(兩)이면

$$z_2 = \frac{135}{11 \times 16}(斤)$$

금괴 1개의 무게 x를 구하는 공식 $x = \frac{x_1 z_2 - x_2 z_1}{z_2 - z_1}$ 에 의하여 $x = 2\frac{15}{64}$(근), $y = 1\frac{53}{64}$(근)이다.

9) 연립일차방정식을 푸는데 산본(算本)에 의한 행렬(行列)의 이론을 사용하고 있다.
행렬을 변형할 때 양수(陽數), 음수(陰數)를 취급하고 있으며 음수를 나타나는데 색이 다른 것 또는 형이 다른 산본을 사용하고 있다.
음수에 관한 발견은 중국수학자의 선취특권(先取特權)이 있다.

10) 피타고라스의 정리(定理) $x^2 + y^2 = z^2$의 정수해(整數解)

$$x = \alpha\beta, \quad y = (\alpha^2 - \beta^2) / 2, \quad z = (\alpha^2 + \beta^2) / 2$$

을 얻고 있다.

11) 방정식의 근을 구하는 데 천원술(天元術)을 사용하고 있다.
천원술(天元術)은 중세에 있어서의 중국의 대수학을 완성시킨 큰 성과라 할 수 있다.
방정식 $f(x) = 0$에서 제1의 근사치(近似值)를 p라 하면 $x = y + \mathrm{p}$라 두고 $\mathrm{g(y)} = 0$을 얻는다.
다음 제 2의 근사치 q로부터 $\mathrm{y = z + q}$라 두고 $\mathrm{h(z)=0}$을 얻는 방법(方法)이다.
1300년 주세걸(朱世傑)은 이 방법에 의하여 정수해뿐 아니라 유리근도 구하고 있다.

12) 주세걸(朱世傑)은 사원왕감(四元王鑑)에서 사원연립방정식을 푸는데 $\mathrm{a}x + \mathrm{b}y + \mathrm{c}z + \mathrm{d}u$와 다항식 $x^2 + 2xy + y^2 + 2yz + z^2 + 2zu + u^2 + 2ux$를 다음과 같은 도시(圖示)을 이용하고 있다.

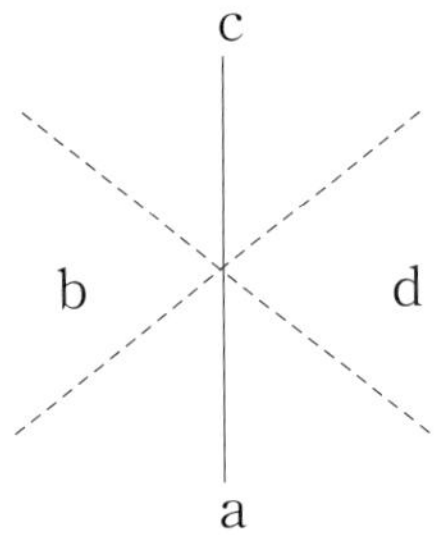

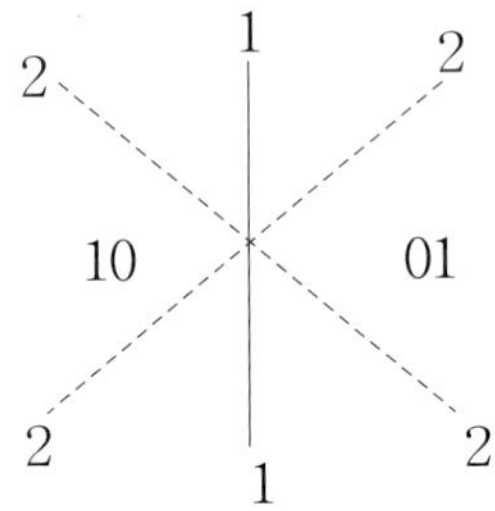

(정수항은 중앙에)

13) 심괄(沈括)(11세기), 양휘(楊輝)(13세기)는 그 저서(著書)에서 각각

$$\sum_{k=1}^{n} k = \frac{n(n+1)}{2},\ \sum k^2 = \frac{n(n+1)(2n+1)}{6}$$

을 얻고 있다. 여기서 $n^2 = 1 + 3 + 5 + \cdots\cdots + (2n - 1)$을 이용하여

$$S = \sum k^2 = n \cdot 1 + (n - 1) \cdot 3 + (n - 2) \cdot 5 + \cdots + 1 \cdot (2n - 1)$$

$$2S = 2n^2 + 2(n-1)^2 + 2(n-2)^2 + \cdots + 2 \cdot 1^2$$

위의 두 식을 합하면

$$3S = (2n + 1) \cdot n + (2n + 1)(n - 1) + \cdots + (2n + 1) \cdot 1$$

$$= (2n + 1) \cdot \frac{n(n+1)}{2}$$

$$\therefore\ S = \frac{1}{6} n(n + 1)(2n + 1)$$

과 같은 방법을 써서 級數의 합(合)을 구하는데 성공하고 있다.

14) 연립 1차합동방정식의 해법에 대(對)하여 손자(孫子)(230년대 오(吳)의 손자(孫子)와 다른 사람)의 연구가 있고, 13세기에 와서 해

결을 보았다.

「어떤 수를 3으로 나누면 2가 남고, 5로 나누면 3이 남고, 7로 나누면 2가 남는다고 한다. 그 수를 구하라.」

이와 같은 문제를 백오감산법(百五減算法), 서양에서는 타르탈리아(Tartaglia, 1499~1557)의 문제라 한다.

$$\begin{cases} N \equiv 2 (\bmod 3) \\ N \equiv 3 (\bmod 5) \\ N \equiv 2 (\bmod 7) \end{cases} \qquad \begin{cases} 35N_1 \equiv 1 (\bmod 3) \\ 21N_2 \equiv 1 (\bmod 5) \\ 15N_3 \equiv 1 (\bmod 7) \end{cases}$$

인 N_1, N_2, N_3인 보조수(補助數)를 생각한다.

$$\begin{cases} 2N_1 \equiv 1 (\bmod 3) \\ \ \ N_2 \equiv 1 (\bmod 5) \text{에서} \ \ N_1 = 2, \ \ N_2 = 1, \ \ N_3 = 1 \\ \ \ N_3 \equiv 1 (\bmod 7) \end{cases}$$

이것을

$$\mathrm{N} \equiv (2 \times 35N_1 + 3 \times 21N_2 + 2 \times 15N_3)(\bmod\ 3 \times 5 \times 7)$$

에 대입하면

$$\begin{cases} N \equiv (140 + 63 + 30)(\bmod 105) \\ N \equiv 233 (\bmod 105) \\ N \equiv 23 (\bmod 105) \end{cases}$$

중국에 있어서 14세기 이후 오랫동안 과학연구는 침체되었다.
1606년에 선교사 마테오 리치(Matteo Ricci, 1552~1610)는 서광계(徐光啓)의 도움으로 기하학원본이 번역되었고 1650년에는 대수표가 출판되었다.

기하학(幾何學)이란 용어(用語)는 서광계(徐光啓)가 처음 사용한 것이다.

2 인도의 수학

고대 및 중세의 인도의 수학은 중국의 수학과 많은 공통점을 갖고 있다. 인도는 혹서(酷暑)와 습기(濕氣)의 나라이다. 인도 사람은 자연에 대하여 수용적이고, 자연에 대하여 작용한다는 것은 없었고, 자연의 위협에 대하여 민감했었다.

따라서, 인도에 있어서도 계산술(計算術)과 대수의 방법론이 연구되었으나 연역적방법(演繹的方法)은 시도되지 않았다.

계산(計算)은 판자(板子)위에 또는 그 위에 모래를 뿌리고 쓰기도 했다.

인도 최고의 수학상의 문화재는 종교상의 문서(文書)인 불교경전(Sutra)과 바라몬교의 성전(Veda)속에 있다. 이들 교서는 기원전 7~6세기에 쓰여진 것이고 지금은 사어(死語)가 된 범어(Sanskrit)로 쓰여져 있다.

이 속에 사원, 제단의 건축할 때의 중요한 부분의 기하학적 작도가 있다. 그리고 원의 면적을 구하는 방법과 피타고라스의 정리의 응용, 건축상의 필요에서 피타고라스의 수를 구하는 산술문제를 다루고 있다.

인도에서 전형적인 수학의 현저한 발달의 시조는 기원 5세기에서 기원 12세기이다.

이 시기에 인도의 천문학자와 수학자들이 훌륭한 업적을 남기고 있다.

계산학(計算學)이란 뜻인 Ganita는 고경전(古經典)에도 나타나고 있으며, 기원후 이 Ganita는 산술(Pati-ganita), 대수(Bija-ganita), 기하(Krestra-ganita)으로 분류되어 어느 정도(程度) 수학적 체계를 갖추게 되었다.

특히, 기호에 의한 대수와 자리잡기 기수법 그리고 방정식이 발달되었다.

인도의 수학자 중에서 다음 세 사람은 중요한 업적을 남기고 있다.

1) 아리야바타(Aryabhatta, B.C. 550~476)는 인도 북동부에서 살았고 운문(韻文)으로 쓴 천문학과 수학의 저작이 있다. 이 속에 초등수학(初等數學) 즉, 산술(算術), 기하(幾何), 삼각법(三角法)에 대한 연구가 실려 있다. 그리고 $\pi = 3.1416$을 산출하고 있다.

2) 브라마굽타(Brahmagupta, 598~660)는 시의 형식으로 쓴 20권(卷)의 저작집이 있다. 제 12권에는 산출과 기하학을, 제 18권에 대수학과 부정방정식을 다루고 있다. 특히, 기하학에 있어서 원에 내접하는 4변형의 면적공식(面積公式)과 브라마굽타의 정리(定理)는 유명하다.

「원에 내접하는 4변형에서 대각선이 직교할 때 그 교점에서 한 변에 내린 수선은 맞변을 2등분한다.」

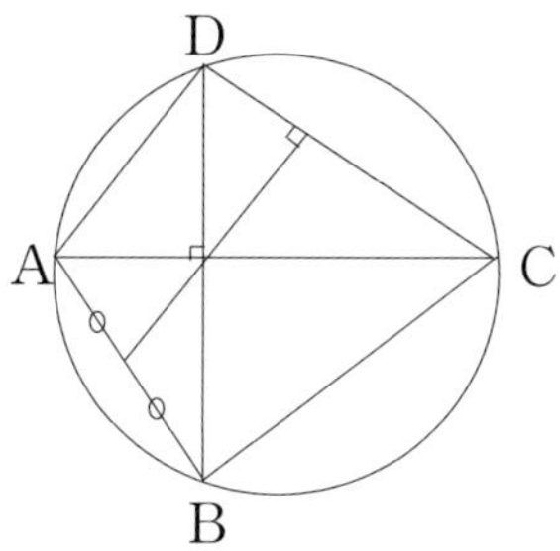

3) 바스카라(Bhaskara, 1114~1185)는 인도의 수학자로 그의 저서 「릴라바티」가 전해져 내려올 뿐 그에 대한 자세한 생애는 알 수 없다. 당시 딱딱한 수학을 어떻게 하면 흥미있고 부드러우면서도 친근하게 접근할 수 없을까 생각한 끝에 바스카라는 아름다운 싯구(詩句)로 엮어 쓴 수학 책 「릴라바티」를 만들어 내었다. 이 책은 누가 보아도 훌륭한 문학적이면서도 자상하고 친근하며, 내용으로도 수준 높은 책으로 오랫동안 많은 사람들을 감동시키고, 애용되어 왔다

고 한다.

바스카라는 릴라바티(Lilavati, 사랑하는 딸 이름)와 계산법요소(Vija Canita)의 저작을 남기고 있다.

전자에서 수의 계산법, 급수의 합, 평면도형의 구적법(求積法)을 다루고 있으며 후자에서 대수방정식, 연립일차방정식, 부정방정식을 다루고 있다.

특히, 피타고라스 정리를 증명한 것은 너무 유명(有名)하다.

(1) 인도수학의 특징

1) 영(零)의 발견

인도의 수학의 최고의 업적은 영(0)의 발견이다.

오늘날 누구나 0을 잘 알고 있으나 0의 발견은 수학 발견사상 매우 중요한 의미를 갖는다.

0이 없으면 오늘날의 10진기수법은 불가능한 것이다.

0은 처음에는 자리를 나타낼 때 사용한 기호였으나 9세기에 들어와서 수로 취급하게 되었다.

무(無)를 나타내는데 0을 사용한 것은 수학사상 큰 혁명이라 할 수 있다.

바라하미히라(9세기)가 저술한 「랑카시드한티카」에서 0을 더하거나 빼는 법을 설명하고 있다.

바스카라의 릴라바티에서 「$a + 0 = a$, $a \times 0 = 0$, $0 \div a = 0$, $0^n = 0$, $\sqrt[n]{0} = 0$을 다루고 있으나 $a \div 0$을 금지하고 있고 대수식에서는 $\frac{x}{0}$를 취급하고 있다.

3천5백8 → 3508

2) 2차방정식의 해법

2차방정식을 대수적으로 취급한 최초의 사람은 헤론이고 헤론은 완전평방의 방법을 사용했다.

$$x^2 + 4x = 896 \rightarrow (x+2)^2 = 900 \rightarrow x + 2 = 30$$

그리고 디오판토스(Diophantus)는 교묘(巧妙)한 해법(解法)을 사용했었다.

이 두 사람은 음(陰)의 근(根)에 대해서는 언급한 것이 없었다.

따라서 2차방정식에 두 근이 존재한다는 것을 인정하지 않았다.

양수(陽數)와 음수(陰數)의 개념을 확립하고 2차방정식에 두 근이 있다는 것을 인정한 것은 인도 사람이 처음이다.

브라마굽타는 이미 628년에 일반 2차방정식의 해법을 알고 있었다고 한다.

그리고 특히 근대적인 방법으로 풀고 2차방정식에는 두 개의 근이 있다는 것을 증명한 사람은 바스카라이다.

3) 부정방정식의 해법

부정방정식의 해법의 연구는 인도수학의 높은 업적의 하나이다.

일차방정식 $ax - by = c$ 의 정수해(整數解)는 $ax - by = 1$의 근(根)에 c를 곱한 것이다.

그리고 부정방정식 $xy = ax + by + c$ 를 $(x - b)(y - a) = c + ab$ 와 같이 교환(交換)시켜서 풀었다.

특히, 바스카라와 브라마굽타는 펠(Pell)의 2차부정방정식 $y^2 = ax^2 + 1$ 을 순환적 방법(循環的 方法)을 써서 해결(解決)했다.

3 아라비아의 수학

아라비아(Arabia)인은 대사막(大沙漠)에서 자라난 전투적민족(戰鬪的民族)이고 별로 문화를 갖고 있지 않았다.

모하메드가 메카로부터 메디나로 망명한 622년이 아라비아 발전의 제1보(步)였다.

회교도(回敎徒)는 아라비아 반도에 분산(分散)되어 있는 여러 민족을 통일하여 강력한 회교종교단을 건설했다.

이 국가는 무력으로 페르시아를 합병하고 북아프리카와 인도서경(印度西境)까지 진군하여 스페인까지 정복했다.

모하메드가 죽은 뒤 123년에 바그다드를 새로운 수도(首都)로 정하고 그 나라의 상업과 문화의 중심이 되었다.

이 시대에 아라비아는 경제적, 정치적 생활의 안정으로 인하여 과학의 발전을 가져왔다.

아라비아 종교국(宗敎國)의 교주(敎主)는 학문의 보호정책을 취하였으며 국가기관(國家機關)속에 고명(高明)한 학자가 모여서 학문을 연구하고 그리스의 문명과 인도의 문명을 수입했다.

아라비아의 수학은 전연 성격이 다른 2개(個)의 수학, 그리스의 수학과 인도의 수학이 간단히 융합(融合)한 것이다.

아라비아의 수학은 독창적인 성격은 인정할 수 없으나 그리스의 기하학(幾何學)과 인도의 대수학(代數學)이 결합한 것으로 생각할 수 있다. 그리고 아라비아수학은 그리스 수학과 인도 수학을 유럽에 옮기는 중개의 역할을 한 것에 주목해야 한다.

유클리드, 아르키메데스, 디오판토스, 프톨레마이오스 등의 저자가 아라비아어(語)로 번역되어 그리스의 수학이 계승되었고, 한편 인도의 브라마굽타의 책도 번역되었다.

특히 그리스의 수학과 인도의 수학의 영향이 가장 현저히 나타나고 있는 것은 820년에 알크바리즈미(Alkhwarizmis)가 쓴 대수학(Al Gebr Wa Al Muquabala)이다.

그는 주로 대수학을 만들었고, 현재 남아있는 것은 라틴어로 번역된 「Algoritmide Numero indorum」뿐이다. 이것은 아라비아어로 쓴 최초의 수학서적(數學書籍)이다.

Alkwarizmi를 라틴어화한 Algoritmi은 오늘날의 「Algorithm」을 의미하고 있다.

여기서 Algebr라고 하는 것은 각 항의 계수가 음수가 되도록 이항한다는 것이고 muquabala는 미지수에 대해서 정돈하는 것을 나타낸다. 그러므로 이 책은 「이항과 정돈」을 의미하고 방정식을 푸는데 쓰이는 수단을 말한다.

Argebr이 현재의 대수(Algebra)의 어원이 되고 있다.

(1) 아라비아 수학의 특색

1) 아라비아 숫자

아라비아 숫자 0, 1, 2, 3, 4, 5, 6, 7, 8, 9는 인도에서 발견되어 아라비아에서 완성을 보게 되었고 기원 10세기 경에 유럽에 소개되었다.

아라비아수의 기수법은 자리잡기의 원리를 가진 10진기수법이다.

아라비아수는 0, 1, ……, 9의 10개의 숫자를 사용하여 나타내는 자리에 따라서 크기를 표시한 방법이다.

$$A = a \times 10^4 + b \times 10^3 + d \times 10 + e \quad \leftrightarrow \quad ab0de$$

2) 2차방정식의 해법

알크바리츠미는 2차방정식의 기하학적 해석을 하는 데 성공했다.

가령, $x^2 + 6x = 16$을 푸는 데 $x + \frac{6}{2}$을 한 변으로 하는 정4각형을 그려서 그 면적을 생각한다.

$$x^2 + 6x + 9 \rightarrow$$

$$x^2 + 6x + 9 = 16 + 9 = 25$$

$$x + \frac{6}{2} = 5$$

$$\therefore \ x = 2$$

여기서 음근(陰根)은 구할 수 없다.

이 방법은 일반 2차방정식 $x^2 + px = q$에 적용하여

$$(x + \frac{p}{2})^2 = q + \frac{p^2}{4}$$

$$\therefore \ x = -\frac{p}{2} + \sqrt{q + \frac{p^2}{4}} = \frac{-p + \sqrt{p^2 + 4q}}{2}$$

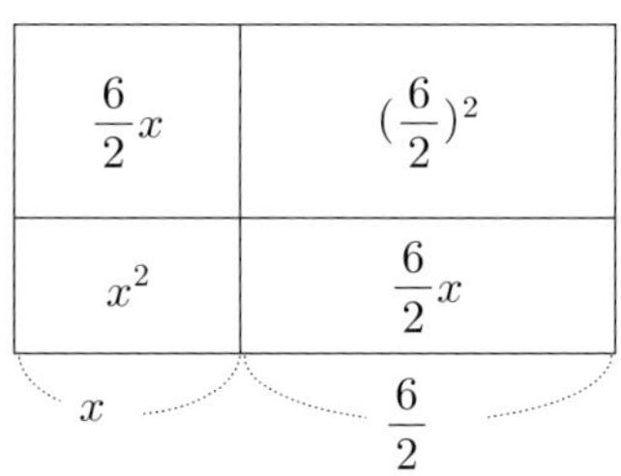

3) 아라비아의 천문학자 올 바타니(Al Battani, ?~929)는 프톨레마이오스의 책을 알기 쉬운 것으로 발전시켰다.

그는 프톨레마이오스(Ptolemaios)의 Magalé Syntaxis의 아라비아어역(語譯) 「Almagest」을 배웠으리라고 생각되나, 평면 3각법에

별다른 결과를 남기지 못한 반면, 구면 3각법에서 Almagest에 없는 cos 법칙 $\cos a = \cos b \cos c + \sin b \sin c \cos A$를 남기고 있다.

이와 같이 아라비아인은 그리스의 수학으로 「과학하는 정신」으로 각성되고 인도수학으로 높은 정도의 「계산하는 기교」를 받아들여 이 양자를 잘 융합함으로서 독특한 「아라비아 수학」을 형성하였으나 그리스인의 특성인 이론에 대한 정열을 완전히 계승할 수 없었다. 이것은 아라비아의 수학을 단명(短命)으로 끝나게 한 원인(原因)이다.

4 서 유럽의 수학

그리스의 수학이 아라비아에 왔을 때에는 서 로마 제국은 과학이라고 할만한 것은 거의 초보적인 것에 불과하다.

로마인은 지나친 실용주의의 민족이었으므로 순수수학은 「불필요하다」고 생각하여 아무런 매력을 느끼지 않았으며 오히려 알렉산드리아의 헤론의 영향을 받았었다.

따라서 산반(算盤)에 의한 계산(計算), 도량술(度量術), 12진법(進法), 분수(分數)를 발전시켰을 뿐이다.

보이티우스(Boethius, 480~525), 로마의 그리스도교 귀족 가문에서 태어나 487년에 동고트족 테오도리쿠스(테오데리히) 대제의 집정관이 된 아버지가 세상을 떠나자 귀족 아우렐리우스 심마쿠스(Aurelius Symmachus)의

보이티우스(Boethius, 480 ~ 525)

집에서 자랐으며 훗날 그의 딸과 결혼하였다. 그는 아테네와 알렉산드리아에서 수학하면서 문학 · 철학 · 산술학 · 기하학 · 음악 · 천문학 등 다방면의 학문을 공부하였는데, 이러한 그의 학식과 인품이 테오도리쿠스 대제의 인정을 받아 510년경에 집정관이 되었고, 520년에는 최고 행정 사법관이 되었다.

로마의 수학자라고 하면 6세기에 활약했던 보이티우스(Boethius, 480~525)를 들 수 있다.

그는 그리스의 학문을 공부했고 로마의 정치가로서 중요한 지위에 있었으나, 당시 국민에 악정을 하던 지방관리들과는 반대로 인민측에 가담한 관계로 로마 정부로부터 사형을 받았다고 한다.

그는 산술과 기하의 저서를 남기고 있다.

산술서(算術書)는 알렉산드리아의 니코마추스(Nicomachus)의 산술입문을 번역한 것이고 기하학은 유클리드의 기하학원본을 번역한 것이다. 오역(誤譯)이 많고 내용적으로는 새로운 것이 없었으나 수학이 잠자는 시대에 산술과 대수를 유포시키는 데에 공헌이 매우 컸으므로 수학 발달사에 있어 큰 의의를 가진다.

5세기에 로마교회의 왕권이 확립된 후, 학문은 신의 영광에 봉사하는 목적으로 하고 있다.

이 시대의 수학서의 중점은 교회력(教會曆)의 산정과 정수의 성질의 신비적 해석에 두었다. 7~9세기의 베네라빌리(Venerabilis, 673~735), 알크인(Alcuin), 마우루스(Maurus, 735~804) 등의 저서(著書)에 나타나고 있다.

인도와 아라비아의 수학이 서적으로 유럽에 유포되면서 각국(各國)에는 대학이 설립되었다.

프랑스 파리 대학(1200년)
영 국 옥스포드, 캠브리지 대학(1225년)
이탈리아 볼로냐, 팔레르모 대학(11세기)

이 시대의 대학은 신학을 중핵(中核)으로 연구하고 수학을 중요시하지 않았으므로 수학 발전에 기여(寄與)하는 것은 없었다.

이탈리아의 상업도시 피사에서 상인의 아들로 태어나 이집트와 그리스에서 공부를 배웠던 레오나르도 피보나치(Leonardo Fibonacci, 1170~1250)의 저서인 기반(基盤)의 서(書)는 아라비아의 계산법(計算法)을 가르킨 것이고, 인도와 아라비아의 수학, 기수법, 계산법의 보급에 큰 힘이 있었다.

이 책(冊)으로 인(因)해서 아라비아의 기수법이 유럽에 도입된 것이다.

(1) 내 용

1) 프랑스의 승왕(僧王) 니콜 오레스메(Nicole Oresme, 1323~1382)은 분수지수(分數指數)인 멱(冪)의 개념과 기호의 발견자이다.

$$a^m,\ a^m \times a^n = a^{m+n} \quad a^m \div a^n = a^{m-n}$$

$$(a^m)^n = a^{mn}$$

$$a^0 = 1, \quad a^{-n} = \frac{1}{a^n}, \ a^{\frac{1}{p}} = \sqrt[p]{a}$$

2) 오레스메는 온도변화를 그래프로 나타내고 함수의 그래프에 상당하는 것을 생각하였다.

함수 $y = f(t)$의 그래프의 창안자이다.

여기서 t를 독립변수(longitude), y를 종속변수(latitude)라 부른다.

오레스메는 해석기하학(解析幾何學)의 선구자(先驅者)라 할 수 있다.

3) 레오나르도 피보나치는 3차방정식 $x^3 + 2x^2 + 10x = 20$의 해법을 생각하였다.
그는 이 근이 유리근이 아니라는 것과 유클리드의 원본의 10권(卷)에서 말한 무리수 $\sqrt{a} + \sqrt{b}$ 모양도 아니라는 것을 밝혔다.
그는 근의 근사치(近似値)로서

$$x = 1°22'7''4'''33^{IV}4^{V}40^{VI}$$

이것을 60진법으로 나타내면

$$x = 1 + \frac{22}{60} + \frac{7}{60^2} + \frac{4}{60^3} + \frac{33}{60^4} + \frac{4}{60^5} + \frac{40}{60^6}$$

이다.
이것을 10진법으로 나타내면

$$x = 1.3688081075$$

이 되는데 이 숫자(數字)는 모두 정확한 것으로 보아 놀랄만한 계산력(計算力)이라고 할 수 있다.

5 르네상스(Renaissance) 시대의 수학

13세기 중엽에 토마스 아퀴나스(Thomas Aquinas, 1214~1274)에 의하여 스콜라신학이 완성에 도달했으나, 말엽에는 영국의 로저 베컨(Roger Bacon, 1214~1294)는 과학에 있어서의 실험의 중요성을 역설하고 반 스콜라주의(反 Scholar主義)를 주창했다.

문화사상 르네상스는 14세기 이탈리아에서 시작하여 유럽제국의 문학예술은 15, 16세기에 눈부신 발전을 했으나 수학과 자연과학은 17세기에 처음으로 새로운 기운이 싹트게 되었다.

유럽에 있어서 15~16세기의 문학부흥시대의 수학과 과학은 일반사회의 급격한 변혁 속에서 발전하였다.

15세기에 들어와서 점성술(占星術)은 과학의 영역으로 비약해서 천문학(天文學)의 영역을 개척하게 되었다.

포르바하(Peurbach, 1423~1461)와 그 제자 뮬러(Muller, 1436~1476)는 기계를 개량해서 각종의 관측에 종사했고, 천문학에 필요한 표를 작성했다.

특히, 「평면 3각형과 구면 3각형에 대해서」의 5권을 출판했다.

알폰소(Alfonso) 10세의 표를 개정하려고 로마에 왔을 때 개정에 반대했던 사람에게 사살되었다.

뮬러의 사후 이 개혁은 코페르니쿠스(Copernicus, 1473~1543)에 의해서 이루어졌다.

그가 죽은 해 1543년에 「천체의 운동에 대해서」에서 그는 태양의 주위에 6개의 유성(遊星)이 원운동(圓運動)을 하며 회전하고 있다는 천동설(天動說)을 주창했다.

코페르니쿠스
(N.Copernicus,
1473~1543)

코페르니쿠스(N.Copernicus, 1473~1543), 폴란드 토룬지방 출생, 폴란드의 토룬 지방에서 부유한 상인의 아들로 태어난 코페르니쿠스는 당시 학문의 중심지이던 이탈리아의 볼로냐 대학과 파두아 대학에서 의학과 신학, 법학, 수학, 천문학 등을 공부하고 1506년 폴란드로 돌아와 성직자로서 일생을 보냈다. 그는 지구와 태양의 위치를 바꿈으로써 지구가 더 이상 우주의 중심이 아님을 천명했는데, 이것은 당시 누구도 의심하지 않던 프톨레마이오스의 우주 체계에 정면으로 도전한 것이었다. 그리고 이 도전은 지구가 우주의 중심이고 인간은 그 위에 사는 존엄한 존재이며 달 위의 천상계는 영원한 신의영역이라고 생각했던 중세의 우주관을 붕괴시키는 결과를 가져왔다.

한편, 수학에 있어서도 1450년에 구텐베르크(Gutenberg)에 의하여 인쇄술(印刷術)이 발명되자 수학서(數學書)도 인쇄되어 수학의 유포(流布)가 광범위하게 퍼지게 되었다.

1489년에 위드만(Widmann)이 출간한 「상업을 위한 계산」 속에 우리가 쓰고 있는 「+, -」를 볼 수 있다.

1) 대수방정식의 해법

16세기에 들어와서 유럽의 학자들이 비로소 대수학(代數學)과 천문학(天文學)에 있어서 그리스와 아라비아를 능가하게 되었다.

대수학에 있어서 피보나치의 3차방정식의 해법이 크게 영향을 미치었다고 생각되며 어떤 3차방정식에도 적용할 수 있는 일반적인 방법(一般的인 方法)을 구하려는 기운이 생겨 대수방정식시대(代數方程式時代)가 도래했다.

이탈리아의 대학교수였던 페로(Ferro, 1465~1526)가 $x^3 + \mathrm{p}x = q(p > 0, q > 0)$인 형(形)의 3차방정식을 풀었다고 하나 그 해법은 오늘날 알려져 있지 않다.

페로는 그 해법을 제자인 프로리도에게 전수하였다 한다.

그래서 그 후 폰타나(Fontana, 1506~1557)가 방정식 $x^3 + px = q$를 풀 수 있다고 말했을 때 프로리도는 폰타나에게 당신은 나의 선생 페로의 것을 훔친 것에 틀림없다고 하여 토론을 신청했다.

폰타나는 1506년에 가난한 가정에서 태어나서 이탈리아의 북부 도시에서 자랐다.

유년시대에 침입해온 프랑스 병사에 의해서 혀를 잘리어, 말하기에 부자유했다고 한다. 이 때문에 별명 타탈리아(Tartaglia : 말더듬이)라고 불리게 되었으며, 오늘날에서도 본명보다 타탈리아가 널리 불리고 있다.

그는 1535년에 베네수엘라 대학의 교수가 되었다.

그는 가난한 가정에서 태어나 부자유한 몸을 갖고 이와 같이 출생했다는 것은 강력한 의지와 격렬한 투지를 겸하고 있었던 사람으로 생각된다.

그는 1535년 2월 12일에 있었던 플로리도와의 공개토론에서 대승리를 했었다.

$x^3 + px = q$형의 방정식도 $x = \frac{1}{y}$로 놓고 대입하면

$qy^3 = py + 1$이 되므로 결국, $x^3 + px = q(p > 0,\ q > 0)$를 풀기 위하여 대수적수(代數的數)를 잘 조합하고 있다.

먼저,

$$x = \sqrt[3]{u} - \sqrt[3]{v}, \qquad p = 3\sqrt[3]{uv}$$

라 두고 연립방정식

$$u - v = q, \qquad uv = \frac{p^3}{27}$$

을 도출했다.

u, v를 이차방정식의 근으로 보고

$$u = \sqrt{(\frac{q}{2})^2 + (\frac{p}{3})^3} + \frac{q}{2}$$

$$v = \sqrt{(\frac{q}{2})^2 + (\frac{p}{3})^3} - \frac{q}{2}$$

을 찾아냈다.

타탈리아는 $x = \sqrt[3]{u} + \sqrt[3]{v}$ 을 대입하여

$$x^3 = px + y \ (p > 0, \quad q > 0)$$

인 형의 방정식도 풀었다.

타탈리아는 3차방정식의 해법을 유클리드와 아르키메데스의 저서의 번역을 완성하는 대로 공표한다고 말했으나 발표하지 않았다.

그러나 카르다노(Cardano, 1501~1576)가 열심히 전수(傳授)를 원했으므로 그의 열심에 마지못해 「저서가 완성될 때까지 절대로 비밀에 붙인다」는 것을 굳게 서약(誓約)한 다음 1539년 3월 25일에 그 해법을 가르쳐 주었다.

그러나 카르다노는 1545년 발간한 그의 저서 Ars Magna 속에 그 해법을 실었다.

따라서 타탈리아의 해법은 후세 카르다노의 해법으로 전하여지게 되었다.

이 책은 4차방정식의 해법도 다루고 있으나 그것은 그의 제자 페라리(Ferrari, 1522~1565)의 발견에 의한 것으로 되어 있다.

카르다노는 일반적인 3차방정식

$$ax^3 + bx^2 + cx + d = 0$$

에서 $x = y - \frac{a}{3}$ 를 대입하여 2차의 항(項)을 소거(消去)하는 데 성공했다.

카르다노는 이탈리아의 밀라노에서 부유한 집에서 태어나 교양과 재능이 있는 인간으로서 의학(醫學), 철학(哲學), 점성술(占星術)에 대해서도 많은 연구가 있으나 성격은 매우 교활하고 거짓이 많고 경박(輕薄)하였다고 한다.

카르다노는 방정식에서 양근(陽根)과 음근(陰根), 근과 계수의 관계, 허근(虛根)의 존재 등을 연구했다.

카르다노가 「Ars Magna」를 발표한 후 폰타나는 분한 마음을 참지 못하여 카르다노에게 도전하였다.

15일을 기간으로 양자(兩者)로부터 문제를 제출했는데 폰타나는 7일간에 완전한 해답을 내놓았으나 카르다노는 5개월이 지나서 겨우 완전한 해답을 내놓았다.

그래서 폰타나는 카르다노가 사는 마을에 가서 1548년 8월 10일에 산타마리아 사원에서 공개 토론하기로 합의되었으나 카르다노가 도망해버리고 제자 페라리가 약속한 시간에 나타났으나 심판관을 누구로 하느냐에 대해서 장시간 논란하다가 사람들이 해산하여 토론도 유회되고 말았다.

폰타나는 실망한 나머지 서둘러 자기의 연구를 세상에 공개할 목적으로 원고를 썼으나 2차방정식까지 끝내고 세상을 떠났다. 때는 1557년이다.

2) 대수학의 일반형식

16세기의 말기에 프랑스의 비에뜨(F. Viete, 1540~1603)는 대수학의 형식이 현대와 같은 것으로 취급한 사람이다.

비에뜨는 본직(本職)은 법률가였고, 파리 대법원의 판사를 거쳐서 국왕의 고문이 되어 헨리 4세를 시종(侍從)하였다.

비에뜨는 새 기호(記號)를 도입해서 대수학에 새로운 길을 개척한 것이다.

기지(旣知)의 양(量)을 자음(子音)으로 표시했고, 미지(未知)의 양을 모음(母音)으로 표시해서 그 문자에 대한 연산(演算)을 조직화했다.

수학상의 지식이 내용적으로 성장하는 것은 수학적 기호의 발전과 항상 밀접한 관계가 있다. 수학적인 기호는 수학에 있어서의 연산의 본질을 충분히 반영할 때 처음으로 참다운 영향을 수학에 미치게 되고 그것은 또한 연산의 본질을 명백히 하는 것이다.

수학사에 있어서 기호의 역사는 사고의 절약으로 현대수학의 토대를 만들었다.

수사적(修辭的)인 언어에 의한 대수가 말의 생략에 의한 단축의 대수가 되고, 다음에 기호를 도입한 기호대수(記號代數)로 급격한 변화를 가져 왔다.

비에뜨는 1591년에 그의 역작(力作) 「해석학입문(解析學入門)」을 발표했다.

그 내용은

① 기호의 도입

$$5BA^2 - 2CA + A^3 = D$$

B 5 in *A* quad − *C* plano 2 in *A* + *A* cub aequatur *D* solido.

② 각의 3등분 문제를 3차방정식(3次方程式)으로 전환시켜 기약(旣約)인 3차방정식인 경우를 연구했다.

③ 3각함수의 전개방식

$$\cos mA = 2\cos A\cos(m-1)A - \cos(m-2)A$$

④ 무한근(無限根)을 도입했다.

$$\frac{2}{\pi} = \cos\frac{\pi}{2}\cos\frac{\pi}{4}\cos\frac{\pi}{8}\cdots\cdots$$

즉, $\frac{2}{\pi} = \sqrt{\frac{1}{2}}\sqrt{\frac{1}{2}(1+\sqrt{\frac{1}{2}})}\sqrt{\frac{1}{2}(1+\sqrt{\frac{1}{2}})(1+\sqrt{\frac{1}{2}})}\cdots\cdots$

3) 천문학의 발달

케플러(Kepler, 1571~1630)는 코페르니쿠스의 지동설에 영향을 받아 유명한 삼법칙을 발표했다.

① 유성의 궤도는 태양을 초점으로 하는 타원이다.

② 유성과 태양을 맺는 동경은 등시간 내에 같은 면적을 그린다.

③ 유성공전의 주기는 유성과 태양과의 평균거리의 $\frac{3}{2}$ 제곱에 비례한다.

이 법칙은 우주의 조화(1619)에 기록되어 있다.

케플러(Kepler, 1571~1630)

케플러(Kepler, 1571~1630), 독일 슈투트가르트 근교 출생, 원래 루터교의 목사가 되려고 튀빙겐 대학에서 수학하였다. 그는 천문학에 깊은 관심을 가져 계획을 변경하게 되었으며 20대 초반인 1594년 오스트리아 그래츠 대학교의 강사로 임명되었다. 그는 21년 동안 지칠 줄 모르는 열성과 끈기를 가지고 노력하여 성과 없는 시도를 수없이 하였고, 계산으로 많은 분량의 종이를 사용하였다.

마침내 1609년에 그는 행성운동의 처음 두 법칙을 만들어낼 수 있었고, 10년 후인 1619년에 세 번째 법칙을 만들어 낼 수 있었다. 이 행성운동의 법칙은 천문학과 수학의 역사에서 획기적인 사건으로 기록되고 있다.

이와 같이 천문학은 망원경의 발견과 더불어 대비약(大飛躍)을 하게 되었고 이에 따라서 원추곡선과 3각법의 연구가 요구되었다.

4) 대수(對數)의 발견

천문학에 새로운 동기를 준 것은 대수 개념의 발견과 대수표의 작성이었다. 지금까지 너무나 큰 계산에 골치를 앓고 있었던 천문학자들은 이 대수의 발견의 도움으로 큰 발전을 보았다.

대수의 개념은 벌써 스티펠(Stiefel, 1487~1567)에 의하여 나타나고 있다. 그는 x와 2^x 사이의 관계를

x	……	-3	-2	-1	0	1	2	3	4	5	……
2^x	……	$\frac{1}{8}$	$\frac{1}{4}$	$\frac{1}{2}$	1	2	4	8	16	32	……

인 표로 나타내고 있다.

그리고

$$\boxed{\frac{2}{4}} \quad \boxed{\frac{3}{8}} \quad \boxed{\frac{5}{32}}$$

인 대응에 있어서

$$2 + 3 = 5 \quad \rightarrow \quad 4 \times 8 = 32$$

이 대응되고 있다는 것은 명백히 대수의 개념이다.

오늘날의 대수의 개념은 네피어(Napier, 1550~1617)에 의하여 확립되었다. 네피어는 곱셈과 나눗셈을 간단하고 쉽게 하기 위한 대수를 창안했다.

네피어가 생각한 대수는 오늘날 자연대수(自然對數)와는 조금 성질이 다르다.

현재 우리가 쓰고 있는 대수로 나타내면

$$y = \text{Nap log } y = 10^7 \log_{1/e}\left(\frac{y}{10^7}\right)$$

이 된다.

$y = \text{Nap log } y = 10^7 \log_{1/e}(10^{-7}y)$와 같이 변형되므로 네피어의 대수는 1/e을 바탕으로 하고 있다.

네피어는 영국에서 태어나 13세에 대학에 입학했고 수학뿐 아니라 신학 및 천문학에 대한 연구도 많은 업적을 남기고 있다.

자연대수를 정의한 것은 스위스의 버지(Burgi, 1552~1632)이고, 상용대수를 정의한 것은 옥스퍼드 대학의 브리그(H.Briggs, 1556~1630)이다.

그는

$$\log 1 = 0, \qquad \log 10 = 1$$

와 같이 개정하고 1에서 20000까지의 수와 9000에서 100000까지의 수의 대수를 14자리까지 계산하였다.

이것이 유명한 Arithmetica logarithmica(1624)이다.

라플라스(Laplace)는 다음과 같이 말했다.

> "대수(對數)의 발견은 고생을 적게하며 천문학자들의 수명(壽命)을 2배로 연장시켰다."

03 CHAPTER 17세기의 수학

"옛날 사람들이 모든 것을 알지 못했음을 밝힌 것에 대하여 후세 사람들은 내게 감사할 것이다."

-페르마(Pierre de Fermat)-

MEMO

03 CHAPTER 17세기의 수학

1 17세기의 수학

1) 수학사에서 17세기는 매우 중요한 위치를 차지하고 있다.

그리스시대의 찬란한 이론적 수학은 그 후 실용적 계산수학에 의하여 침체하고 거의 단절상태에 놓여 있다가 르네상스시대에 방정식에 관한 연구가 활발히 진행되었다.

17세기에 들어서 과학적 수학적으로 일대 변혁을 맞이하여 변량의 수학이 꽃을 피게 했다.

17세기에서는 수학적 수단이 자연과학 특히 역학에 많이 도입되었다.

케플러가 그 유명한 혹성의 운동법칙을 만들어냈고 이것에 수학적인 표현을 시도했다.

1632년에서 1638년에 갈릴레이(Galilei, 1564~1643)는 물체의 낙하법칙에 수학적인 표현을 사용했다. 갈릴레이는 자기가 만든 망원경으로서 수성과 금성을 관측하고 지구와 같이 태양을 중심으로 회전하고 달과 같은 위성을 갖고 있음을 알았다. 이 주장은 교황의 압박을 받고 이 지동설을 취소하게 되었지만 그 직후 '역시 지구는 움직인다'라고 한 말은 너무나 유명하다.

1686년에는 뉴턴(1642~1727)이 만유인력의 법칙을 세워서 케플러의 법칙을 확인했다.

즉 혹성과 태양의 거리의 제곱에 역비례(逆比例)하고 그들의 질량에 정비례하는 힘으로 혹성은 잡아당기고 있다고 했다.

당시의 많은 수학자는 동시에 역학의 전문가였고, 넓게는 자연 과학자였다.

이와 같이 해서 많은 자연과학상의 법칙이 발전되었다.

수학적으로 짜여진 이들 성과는 자연에 대한 과학−수학적 과학−을 체계화하는데 많이 도움이 되었다.

그리고 개개의 현상을 과학적으로 형성된 여러 가지 일반적인 법칙에 바탕을 두어 설명하려 했다.

기술과 과학의 급속한 발전을 반영하고 수학적방법이 불능(不能)이라고 하는 철학적인 사고방법이 17세기의 위대한 과학자와 철학자 특히 데카르트, 라이프니츠, 뉴턴에게 큰 영향을 주었다.

수학의 새로운 성과가 있을 때마다 수학을 응용하려는 경향이 급격하게 높아갔다. 수학은 어느 시대에 있어서도 실천적 활동과 기술적 물질적인 진보로부터 결정적인 영향을 받고 발전하고 있었다. 이러한 영향이 17세기에는 매우 명백한 형태로 나타났었다.

2) 17세기의 100년 간에는 수학의 존재형식이 변화해 갔다.

지금까지 개개인이 고립하여 연구하던 것이 학술적인 조직 및 단체가 발족하기 시작했다.

1662년에 런던 왕립협회가 활동을 시작했다. 이것은 현재에 있어서도 국제적인 과학아카데미의 역할을 하고 있다.

1666년에 파리 과학아카데미가 설립되었다.

이와 같이 학술적인 조직과 단체의 설립의 시대가 시작되었다. 이것은 국가의 원조를 받고 과학상의 곤란한 문제에 대하여 학자들이 공동으로 연구하는 것이 매우 유효한 형식이 되게 하였다.

학자들의 왕복문서(往復文書) 및 극히 적은 부수의 출판물만으로는 학술관계자의 요구를 만족시킬 수 없게 되었다.

17세기에는 정기간행물이 창간되었고 여기에도 결정적으로 변혁이 일어났다.

1665년 런던에서 「Philosophical Transactions」[1]이 발간되었고 1972년 파리에서 「Journal des Scavans」이 출판되었다. 1682년부터는 독일의 라이프지히에서 라이프니츠가 만든 잡지(雜誌) 「Acta Euditorium」이 1731년까지 간행되었다.

3) 과학의 실천적 입장, 관념적 기초, 조직적 구조 및 수학의 역할의 변화에 따라서 수학 그 자체의 내용에 있어서도 변화가 일어났다.

수(數), 량(量), 도형(圖形)의 연구에 운동과 변환, 함수적 관계(函數的關係)의 연구가 더해졌다.

수학의 내용이 점점 변량을 취급하는 방향으로 변하여 갔다.

수학에 있어서의 이와 같은 대변화는 서로 독자적으로 그 내용을 발전시켰던 대수학과 기하학을 좌표로 도입(導入)함으로써 서로 융합시킬 수 있었던 것은 데카르트의 방법이다.

기하학적 대상의 크기, 형, 성질이 상호관계를 수에 의하여 나타내는 방법으로서 좌표의 방법을 사용한 해석기하학이 형성되었다.

자연과학의 발달과 데카르트의 해석기하학의 방법은 필연적으로 미분적 방법과 적분적 방법이 발생하게 되었다.

1665~1666년 경에 뉴턴의 논문에 미분법(微分法)이 처음으로 나타났

---

1) Royal Society의 회보

고, 라이프니츠도 1682~1686년의 논문에서 미분계산(微分計算)을 사용하였다.

해석학과 밀접한 관계를 유지하면서 수학의 각 분야에서 기하학적 응용이 시작되었다.

1604년에 벌써 케플러는 곡률반경에 관한 공식을 구했고, 1673년에는 호이겐스(Huygens, 1629~1695)가 축폐선(縮閉線)과 신개선(伸開線)에 수학적인 표현을 사용하였다.

이와 같이 17세기에는 데자르그(Desargues, 1593~1662)와 파스칼(Pascal, 1623~1662)의 저작에 의하여 사영기하학(射影幾何學)에 대한 학설이 나오게 되었다.

확률론(確率論)도 야곱 베르누이(Jacob Bernoulli, 1654~1705)가 대수의 법칙을 발견하게 되어 처음으로 수학적인 형식을 취했다.

야곱 베르누이는 스위스의 수학자이자 이론 물리학자로 임의의 각 4등분, 확률론에서의 대수의 법칙, $\sum\frac{1}{n^2}$이 2보다 작다는 사실을 발견하였다.

야곱 베르누이(Jacob Bernoulli, 1654~1705)

또 베르누이 방정식을 풀었다.

이와 같이 17세기에 있어서의 수학은 오랫동안의 잠에서 깨어나 자연과학의 급격한 발달과 데카르트의 좌표의 창조적 방법에 의하여 변량의 수학이 여러 분야에 있어서 연구되었다. 특히 해석학, 해석기하학, 확률론에 있어서 비약적인 발전을 보았다.

2 데카르트의 해석기하학

데카르트(Descartes, 1596~1650)

데카르트(Descartes, 1596~1650)는 프랑스에서 태어나 많은 곳을 여행하다 홀란드에서 많은 시간을 보낸 데카르트는 대수(代數)를 기하(幾何)에 적용하여 해석 기하학를 창시한 철학자이다.

근세수학에 있어서의 전환점은 17세기의 데카르트의 좌표의 도입에 있다. 데카르트는 17세기에 있어서의 프랑스의 위대한 철학자, 물리학자, 수학자, 기상학자였다. 데카르트는 1596년 3월 31일 프랑스의 뚜렌(Touraine)에서 출생하였다. 데카르트는 귀족출신으로서 별로 부유하지는 못하였으나 안락한 생활을 했다. 출생 후 곧 어머니가 사망하고 사려 깊은 아버지 밑에서 자랐고, 어릴 때 너무나 병약한 체력 때문에 걱정이었다. 아버지는 그를 이상적인 학교인 유태계(Jesuite)의 학교에 입학시켰다. 그 학교장은 허약한 데카르트의 몸을 생각하여 아침 늦게 일어나는 것을 허락했었다.

데카르트가 훗날에 이 학교생활을 회상하면서 「조용하고 긴 아침의 명상은 자기의 철학과 수학의 참다운 원천이 되었다」고 말했다.

데카르트는 대학에서 법률학을 공부하여 학자가 되었으나 「학교에서 가르쳐주는 학문, 책에 써있는 진리를 가르치지 않는다」라고 생각하게 되었다. 그리고 연구의 무미건조함을 깨닫고 환경을 바꾸기 위하여 군인이 되었다. 근 20년간 오스트리아에서 연구에 몰두하였다. 그는 오랫동안 연구한 결과를 르몽드(우주론)이라는 논문 속에서 집약했다. 1634년 데카르트가 38살이 되는 해에 갈릴레이의 종교재판이 있었기 때문에 르몽드의 출판을 중지하게 되었다. 그러나 1637년 41살이 되는 해에 친구인들은 그를 납득시켜 출판하자고 했다.

이것이 유명한 「방법서설(方法序說)」이라는 책이다.

상세히 말하면 「이성을 올바르게 기르고, 과학에 있어서의 진리를 탐구하는 방법에 관한 서술」이다.

그 속에서 그는 「생각한다. 고로 나는 존재한다.」라고 말했다.

이 책의 제 2부에 「이상을 아는데 가장 단순하고, 가장 용이한 것부터 시작해서 가장 복잡한 것을 인식하는 데까지 차례로 올라가면서 순서를 따라 유도함」을 요청하고 있는 「종합의 법칙을 바탕으로 하는 방법이라고 말했다. 그래서 이 방법으로 기하학적 동형에 방정식을 대응시켜서 도형의 성질을 연구하는 학문이 방정식을 연구하는 학문으로 전환되어」 이미 상상의 작용을 빌리거나 우연히 지배됨이 없이 완전히 오성(悟性)만으로서 처리할 수 있는 기하학 즉, 해석기하학이 탄생하였다.

이것을 정리한 것이 기하학(géométrie)이다.

여기서 주의해두어야 할 것은 데카르트의 입장에서는 방정식 $f(x, y) = 0$이 곡선을 나타낸다고 하는 것은 「이 방정식을 만족하면서 x, y가 변화할 때 (x, y)를 좌표로 하는 점이 하나의 곡선을 그린다」는 것이다.

따라서 데카르트로서는 하나의 곡선은 「점의 집합」이 아니고 「점의 운동」으로서 생긴다. 운동의 개념이 그 당시의 사조의 반영으로 생긴 것이라 생각되며 이 기하학은 후세의 수학자 뉴턴과 라이프니츠에게 준 영향은 크다.

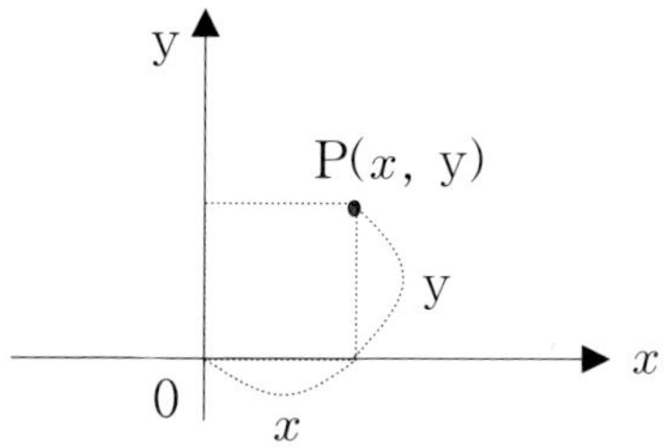

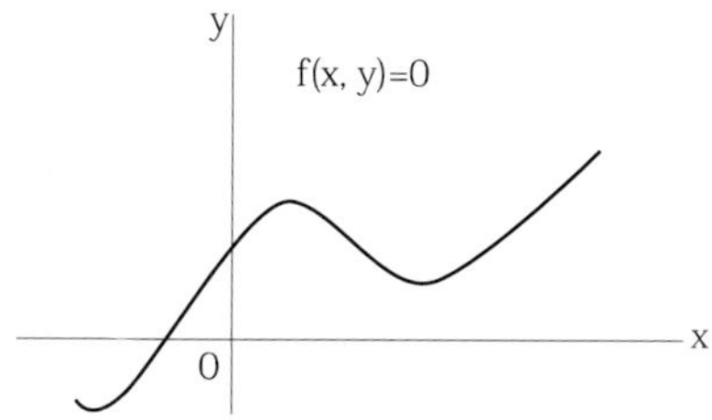

1641년 가을에 데카르트는 오스트리아의 작은 마을에서 살고 있었는데 거기서 망명 중이던 여왕(女王) 엘리자베스가 학문을 사랑하는 여성으로서 데카르트에게 가르침을 청했었다. 데카르트가 공적으로는 「나의 제자 가운데 나의 저서를 완전히 이해한 사람은 그녀뿐이다」라고 할 정도로 엘리자베스는 수학적 능력이 비상했다고 한다.

데카르트가 50세가 되어서 세계적으로 유명하게 되었다. 이 소식을 스웨덴의 여왕 크리스틴이 듣고서 데카르트를 초청했다.

여왕 크리스틴은 당시 19세의 유능한 통치자였고, 남성보다 강한 여장부였다.

여왕(女王) 크리스틴은 철학을 배우는데 아침 5시가 가장 적합하다고 했다.

그래서 아침 일찍 일어나서 마차로 궁전에 가서 젊은 여왕에게 철학을 강의했다. 추위와 아침 일찍 일어나는 일로 인하여 데카르트는 지병을 얻어 1650년 2월 11일 54살로 젊은 여왕 크리스틴의 허영에 희생이 되었다.

데카르트의 유해가 고국 프랑스에 돌아왔을 때 야코비는 다음과 같이 말했다.

「위인을 생전에 소유하기 보다는 그 재를 소유하는 것이 때로는 편리하다」라고.

3 페르마의 해석기하학

페르마(Fermat, 1601~1665)

프랑스의 수학자 페르마(Fermat, 1601~1665)는 최대값과 최소값을 찾는 방법과 곡선의 접선을 찾는 방법에 대하여 연구하였다. 또 데카르트의 굴절이론에 대한 불만족스러움을 통하여 빛은 가능한 한 가장 짧은 길로 진행한다는 페르마의 원리를 발견하였다. 페르마의 마지막 정리는 350여 년 동안 풀리지 않다가 1994년 앤드루 와일즈에 의하여 증명되었다.

대수학과 기하학의 상호관계에 있어서의 대변혁 그리고 좌표를 사용하는 방법의 상호융합은 수학에 있어서 혁명적 방법이 되었다.

역사상 이와 같이 큰 혁명은 결코 한사람의 손에 의하여 창조되는 것이 아니다. 해석기하학의 출현도 데카르트의 개인의 공적만으로 된 것은 아니다. 데카르트와 동시대에 프랑스 수학자 페르마가 그 전문적 논문 속에서 같은 견해를 발전시키고 있었다는 사실을 알아두어야 한다.

페르마는 프랑스 서부의 보몽 드 로마뉴 시내에서 태어났다. 그의 아버지는 부유한 상인이었던 덕에 페르마는 그랑셀브의 프랑스캉 수도원에서 부유한 자녀들만이 받을 수 있는 고급 교육을 받을 수 있었다. 그 뒤에는 툴루즈 대학에 진학하여 법학을 공부한 뒤에 가족들이 공무원이 되기를 원함에 따라 1631년에 지방의회의 의원이 되었다.

지방에 사는 사람들이 왕에게 탄원서를 올릴 때에는 반드시 페르마나 그의 동료 중 한 사람에게 자문을 구하는 과정을 거쳐야 했다.

페르마의 주된 업무는 서민들의 이야기를 국왕에게 전달하는 것과 국왕의 포고령을 전국 각지에 분명하게 전달하고 그것이 정상적으로 이행하도록 감독하는 일이었다. 전해지는 기록에 따르면 페르마는 매우 인정 많고 경우가 바른 유능한 공무원이었다고 한다.

그러나 어린 시절 페르마에게 특별한 수학적 재능이 있었다는 기록이나 그가 수학교육을 받았다는 기록은 어디에도 없다.

페르마는 재판과 관계된 업무도 맡고 있었는데, 가장 혹독한 형벌이 내려지는 재판까지도 능숙하게 처리하곤 했다. 30세가 지난 뒤 판결이 없을 때 소일거리로 삼을 만한 취미활동으로 그는 수학에 흥미를 가졌다. 그러나 그는 수학에 관한 어디까지나 아마추어일 뿐, 전문학자는 아니었다.

벨(bell)은 그를 가리켜 '아마추어 수학의 왕자'라고 불렀다.

1665년 1월 14일에 65세를 1기로 끝날 때까지 평온한 생활을 보냈고 정직하고 온유하고 후덕하여 정의파에 속하는 페르마는 수학사에 가장 빛나는 업적을 남기고 있다.

페르마는 논문을 거의 쓰지 않았다. 읽은 서적의 여백에 기입한 것과 친구에게 보낸 편지에 쓴 것이 주된 것으로써 단편적인 것뿐이었고, 증명도 정돈된 것이 없다. 우리들에게 남긴 논문은 그의 아들(Samuel)의 1679년에 「Varia Opera」이고 평면과 입체의 궤적입문이다.

(1) 업적

1) 해석기하학의 창조

페르마는 데카르트와는 매우 대립적인 입장에서 해석기하학을 만들어냈다. 파스칼의 말에 의하면 이 두 사람은 상당한 논쟁을 했다고 한다.

해석기하학에 관한 연구는 그의 유일한 논문 「Isagoge ad locus」 속에 상세히 적혀져 있다. 고대 그리스의 기하학 특히 아폴로니우스(Apollonius)의 궤적에 관한 연구가 출발점이 되고 있다. 직선과 원으로 표시되는 궤적을 평면적이라 하고, 원추곡선으로 표시하는 궤적을 공간적이라 했다.

이 논문에서 데카르트는 일차방정식에 대응되는 것은 직선이고 2차방정식에 대응되는 것은 원추곡선이라는 것을 밝혔다.

좌표는 데카르트의 경우와 마찬가지로 도입되고 있다. 특히 한 좌표축으로서 횡좌표축이 주어졌을 때 변수의 값으로는 그것에 대응되는 선분으로 표시된다. 그리고 또 하나의 변수의 값도 역시 선분으로 표시된다. 그 후 페르마는 직선, 원과 타원, 쌍곡선, 포물선 등의 원추곡선의 방정식을 구하였다.

페르마가 연구한 중에서 1차와 2차방정식의 일반적인 형을 연구하고 좌표의 변화의 표준형을 구하고 이것에 기하학적 해석을 주어서 이해를 용이하게 했다.

가령, 2차 방정식

$$2x^2 + 2xy + y^2 = a^2, \qquad (x+y)^2 + x^2 = a^2$$

을 변형하고 여기서 좌표축으로서 $x + y = 0$, $x = 0$을 택하면 새로운 좌표에 있어서

$$X = x\sqrt{2}, \qquad Y = x + y$$

이 되고 새로운 방정식

$$X^2 + 2Y^2 = 2a^2$$

을 얻는다. 이것은 타원(楕圓)을 나타낸다.

페르마의 논문이 나타내는 것과 같이 그는 데카르트보다도 정밀하고 좌표에 대하여 생각하고 더욱이 좌표의 변환의 방법까지 도입하였다.

그러나 이 논문은 데카르트의 기하학보다는 수학에 큰 영향을 주지 못하였다. 그 이유는 다음과 같이 2개 둘 수 있다.

첫 번째 이유는 페르마의 논문(論文)의 발표가 상당히 늦었고 출판될 때까지는 그와 통신이 있었던 몇몇 친구들뿐이었다.

두 번째 이유는 비에뜨의 대수학(代數學)이 나오는 무렵이고, 난해(難解)한 글로 쓰여 있기 때문이다.

오늘과 같은 해석기하학(解析幾何學)을 만든 사람은 역시 오일러(Euler, 1707~1783)이다. 오일러는 해석학입문(解析學入門)의 제2권(1748)에서 해석기하학(解析幾何學)을 완성하였다.

해석기하학(解析幾何學)이라는 명칭은 프랑스의 아카데미 회원인 라크로아(Lacroix, 1765~1843)이고, 18세기의 말기부터 사용되었다.

수학에 있어서의 해석기하학의 출현은 무한소해석(無限小解析)의 형성을 대단히 용이하게 했다.

한편, 이것이 뉴턴, 라그랑주, 오일러의 역학에 불가결의 수단이 되었고 수학의 많은 문제를 푸는데 대단히 효과적으로 사용되었다. 해석기하학의 발생은 17세기의 수학에 있어서 변량해석을 만들어내는 가능성을 나타내고 있다. 이 가능성은 뉴턴과 라이프니츠에 의하여 곧 실현되었다.

2) 페르마의 마지막 정리

피타고라스의 정리 : $x^2 + y^2 = z^2$을 만족하는 정수해(整數解)가 존재한다. 이 해는 무수히 존재한다.

가령, $x = m^2 - n^2$, $y = 2mn$, $z = m^2 + n^2 (m > n \geqq 1)$이라 두면, 여러 가지 해를 얻는다.

페르마는 이것을 일반화하여 다음을 얻었다.

「$x^n + y^n = z^n (n \geqq 3)$을 만족하는
정수해(x, y, z)는 존재하지 않는다」

이 사실은 페르마의 마지막 정리 또는 페르마의 대정리 또는 페르마

의 추측(conjecture)이라고 알려져 있다. 그러나 유감스럽게도 페르마는 정리의 증명을 제시하지 않고, 그 대신에 '이 정리의 증명을 적기에는 여백이 너무 좁다'라고만 서술하고 있다. 이 주석이야말로 향후 350여 년간 전세계 수학자들의 자존심을 여지없이 짓밟아 놓은 역사적인 주석이었다.

그러면 페르마의 마지막 정리가 증명되기까지 약술(略述)하고자 한다.

3) 오일러에서 프레이(1783~1982년)까지

$$x^n + y^n = z^n \quad (n \geqq 3)$$

에서 n은 2의 거듭제곱과 같거나 또는 홀수인 소수로 나누어떨어진다.

첫째 경우에 n은 $4k(k \geq 1)$의 꼴의 정수이므로, 위의 방정식은 다음과 같이 변형된다.

$$(x^k)^4 + (y^k)^4 = (z^k)^4$$

이미 앞에서 밝힌 바에 의하여 $u^4 + v^4 = w^4$의 양의 정수해 u, v, w는 존재하지 않으므로 주어진 방정식의 양의 정수해는 존재하지 않는다.

다음에 $n = pk$(p는 홀수인 소수, $k \geq 1$)인 경우에 방정식은

$$(x^k)^p + (y^k)^p = (z^k)^p$$

으로 변형되므로 방정식 $u^p + v^p = w^p$의 양의 정수해가 없다는 것을 증명하기만 하면, 페르마의 부정방정식의 양의 정수해가 없다는 것이 증명된다.

따라서 페르마의 대정리는 홀수인 소수 p에 대하여 $x^p + y^p = z^p$는 양의 정수해(整數解)가 없다는 사실로 귀착된다.

오일러는 1770년에 $p = 3$인 경우에 페르마의 정리를 최초로 증명한 사람이다.

그러나 그 증명의 어떤 불완전한 곳이 있어 라그랑주가 보완하여 그 증명이 완성되었다.

19세기에 있었던 페르마의 정리의 증명에 관한 역사를 정리해 보면 다음과 같다.

① 1800년대 초까지 페르마의 문제들이 페르마의 대정리를 제외하고는 모두 증명되므로 '페르마의 마지막 정리'로 불리는 것이 정당화되었다.

② 1816년 프랑스 아카데미에서 페르마의 마지막 정리의 해에 대해서 상금을 걸었다.

③ 1820년에 소피 제르맹(Sophie Germain)이 만약 p와 $2p + 1$이 소수라면 $x^p + y^p = z^p (p \nmid xyz)$는 해를 갖지 않음을 증명했고, 이것이 소위 말하는 페르마의 마지막 정리의 경우 1이다.

(* 경우 2는 $p \mid xyz$인 경우이다.)

소피 제르맹은 1776년 4월 1일에 태어나 쇼비니즘(극단적 애국주의)이 판을 치던 그 시대에 다른 수학자들과 정보를 교환하지 못하여 잘못된 항등식으로 새로운 결론을 내리는 등 최악의 환경 속에서 혼자 묵묵히 수학을 연구한 프랑스의 여류학자였다.

파리 시내 살롱에서는 18세기의 위대한 수학자들이 매일같이 모여 열띤 토론을 벌리곤 했는데, 이들 중에는 프랑스 사회의 지독한 성차별 풍조를 과감하게 뿌리치고 위대한 정수론자로 명성을 날린 한 명의 여성의 끼여 있었다. 이 여성이 소피 제르맹으로 그녀는 페르마의 마지막 정리를 집중적으로 연구하던 끝에 과거 남성들도 못했던 가장 위대한 업적을 수학사에 남겼다.

④ 1825년에 디리클레(Dirichlet)와 르장드르(Legendre)가 $n = 5$에 대

해 증명했고,

⑤ 1832년에 디리클레가 $n = 7$에 대해 증명을 하기 위해 노력하다가 $n = 14$일 때 증명을 했다.

⑥ 1839년에 라메(Lame)가 $n = 7$에 대해 증명했다.

⑦ 1843년에 쿰머(Kummer)는 '대수적 정수'의 성질을 이용하여 페르마의 정리를 증명한 결과를 디리클레에게 보고한 일이 있었다. 이 논문에 대하여 디리클레는 장시간의 검토 끝에 쿰머의 추론에 오류가 있었음을 발견하였다. 즉 쿰머는 모든 대수적 정수는 보통 정수에서와 같이 유일하게 인수분해가 항상 가능한 것으로 착각하였던 것이다. 그러나 쿰머는 대수적 정의에 대한 연구를 계속하여 결국은 대수적 정수에서 유일하게 인수분해가 가능한 체계를 찾아내기 위하여 '이데알 수'라는 개념을 도입하였다. 대수적 정수에 이러한 새로운 개념을 첨가함으로써 쿰머는 '정칙인 소수(reguler prime)'라고 불리우는 광범위한 소수 지수에 대한 페르마의 정리의 증명을 완성하였다.(1850)

한편, 100 이하의 소수 중에 정칙소수가 아닌 것은 단지 37, 59, 67의 3개 뿐일 정도로 그 범위가 넓다. 그러나 정칙 소수가 아닌 소수 전체의 집합이 무한집합인지 아닌지도 알려져 있지 않다. 이 페르마의 문제에 대한 그 후의 연구는 거의 무두가 쿰머에 의하여 암시된 테두리 안에서 계속되었다.

⑧ 1847년에 라메와 코시(Cauchy)가 일반적인 n에 관한 증명을 발표했으나 잘못되었음이 밝혀졌다. 이들의 논문은 세간의 이목을 끌기에 충분하였지만, 증명 논리 자체에는 다소 애매모호한 구석이 있었다. 완벽한 증명을 기대했던 수학자들은 커다란 실망감을 느

끼면서도, 그들 중 대다수는 라메가 코시보다 먼저 증명을 완성해 주기를 내심 바라고 있었다. 왜냐하면 코시는 매우 독선적이고 괴팍한 인물로 평판이 나 있어 수학자들이 그를 별로 좋아하지 않았기 때문이다.

프랑스 과학 학사원의 학자들이 코시의 의견에 귀를 기울였던 것은 그가 천재적인 수학자라는 단 하나의 이유 때문이다.

4) 프레이에서 와일즈(Wiles)(1982년 ~ 1993년)까지

와일즈 교수는 1954년에 제기된 "모든 Q 위에서 정의된 타원곡선은 모듈러 곡선이다"라는 타니야마-시무라(Taniyama-Shimura)의 예상이 성립하면 페르마의 대정리가 성립한다는 것을 증명한 버클리의 캘리포니아 대학 교수 켄 리벳의 논문(1986)으로 타니야마-시무라의 예상 증명에 몰두하였다.

사실 페르마의 대정리와 타니야마-시무라의 미해결 문제 사이의 관계는 1985년에 프레이(G. Frey)에 의해서 나왔다. 와일즈 교수가 증명한 것은 반단순 타원곡선에 대하여 타니야마-시무라의 예상이 사실임을 증명했다.

그러다가 1993년 6월23일 미국 프린스턴 대학의 앤드루와일즈(Andrew Wiles) 교수는 영국 케임브리지대학교 뉴톤 수리과학 연구소에서 "타원 곡선, 모듈러 형식 그리고 갈로와(Galois) 표현"이라는 강연에서 마지막 날에 페르마의 마지막 정리의 풀이를 내놓았다. 이는 3백50년 이상 풀리지 않은 수학의 난제(難題)중 난제였던 페르마의 마지막 정리를 증명했다고 세계적으로 화제가 되었다. 와일즈 교수는 페르마의 정리가 성립되는 숫자가 있다면 그 해답은 타원 곡선 같은 형태를 띠게 될 것이라는 1984년의 한 발표에 주목했다. 또 버클리의 캘리포니아 대학 교수 캔 리벳 교수가 그런 타원형 곡선은 일정한 형태를 가질 수 없다고 했던 것에

도 관심을 기울였다. 아무튼 와일즈 교수는 종전의 모든 자료와 해법을 검토하고 자신의 연구를 2백30여 쪽의 풀이로 마무리 지었다.

그러나 93년의 발표에 대하여 전문가들이 검토하면서 문제가 발견되었다. 그래서 Wiles교수는 R. Taylor 교수와 공동으로 이 문제를 연구하였다. 약 1년후 그 문제를 해결하여 두편의 논문으로 페르마의 최후정리를 발표하였다.

하나는 R. Taylor and A. Wiles 공저, “Ring theoretic properties of certain Hecke algebras”, Annals of mathematics 141, 553~572(면)(1995)

다른 하나는 A. Wiles, “Modular Elliptic-Curves and Fermat's Last Theorem”, Annals of mathematics 141, 443~551, 1995이다.

한편, 1878년 6월 영국의 수학자 케일리(A.Cayley)에 의해 제기된 4색문제(모든 지도는 4색으로 식별가능하다는 문제)가 100년만인 1976년 7월21일에 미국 일리노이 대학의 아펠(K. Appel)과 하켄(K. Haken) 두 교수에 의해 컴퓨터의 힘을 빌어 해결하였을 때도 뉴욕타임즈에 크게 보도된 일이 있다.

(2) 곡선의 접선의 개념을 확립했다

해석기하학을 이용하여 연속곡선의 그래프를 관찰하고 곡선상의 임의의 점 P에서 그 곡선을 긋는 과정을 설명했다. 여기서 처음으로 극한치를 이용하고 있다. 다음에 그래프상의 극치점(極値點)을 접선의 기울기가 0이 되는 점으로 해석했다.

1934년 무어(Moore) 교수는 페르마의 접선(接線)으로부터 뉴턴은 미분법을 생각했다고 말하고 있다.

(3) 소수의 연구

페르마는 정수론(整數論)에 대해서도 많은 결과를 얻고 있다.

1) p가 소수(prime number)이고 a와 p가 서로 소이면 $a^{p-1}-1$은 p로 나누어진다.
2) $4n+1$형의 소수는 두개의 세제곱수의 합으로 나타낼 수 있다.
3) 페르마의 수 $N=2^{2n}+1(n = 0, 1, 2, \cdots\cdots)$는 모두 소수(素數)라고 확신했으나 소수가 아니다.$(n=5, 6)$
4) 자와 컴퍼스를 이용하여 홀수개의 변을 갖는 정다각형을 그릴 수 있는 것은 그 변수가 페르마의 소수 $2^{2n}+1$ 또는 서로 다른 페르마소수의 곱과 같을 때이다.

(4) 확률론의 연구

파스칼(Pascal)의 친구에 쉬발리어(Chevallier)라고 하는 도박을 좋아하는 사람이 있었는데, 그는 파스칼에게

「같은 실력을 가진 두 사람이 중도에서 승부를 중지했을 때, 결전점수(決戰點數)가 정해지고 그때의 각자의 득점이 판명되었다고 하면 건 돈을 어떻게 나누면 되겠는가?」

라고 문의했다.

파스칼의 회답은 분실되었으나 이에 대한 페르마의 파스칼에 대한 회답편지는 남아 있어서 이것으로 추측할 수 있다.

파스칼은 「건 돈이 각각 32 피스톨이며, 3번 먼저 이긴 자가 건 돈을 모두 받는다」라는 경우에 대하여 연구했다.

1) 갑(甲)이 2번 승, 을(乙)이 1번 승인 경우에 승부를 중지했을 경우에는 다음 승부에 갑이 승하면 3회 이기는 경우가 되므로 64 피스톨

을 받게 될 것이고 다음 승부에 을이 승하면 갑 2승, 을 2승이므로 각각 32 피스톨을 받게 될 것이다. 그러므로 갑은 을에게 「다음 승부여하를 막론하고 32 피스톨은 받게 되고, 나머지 32 피스톨에 대해서는 동자격이므로 16 피스톨을 나누게 된다」고 말하고, 갑은 32 + 16 = 48 피스톨, 을은 16 피스톨을 나누게 될 것이다.

2) 갑이 2번 승하고, 을이 무승이면 위와 같은 방법에 의하여

갑……56 피스톨, 을……8 피스톨

3) 갑이 1승하고, 을이 무승이면

갑……44 피스톨, 을……20 피스톨

이에 대하여 페르마는 순열(順列)을 사용해서 풀었다.

1)의 경우에는 승부를 중지하지 않았다고 가정하면 다음의 2회로써 승부가 결정된다.

승부의 상태는 갑갑, 갑을, 을갑, 을을의 4가지이다.

이 중에서 갑이 한번이상 나타나면 갑의 승리이고, 을이 두 번 이상 나타나면 을이 승리하므로 각각의 승리할 경우는 3, 1이다.

따라서

갑 …… $64 \times \dfrac{3}{4} = 48$, 을 …… $64 \times \dfrac{1}{4} = 16$

4 사영기하학

(1) 문예부흥기의 이탈리아에 있어서 조형미술이 놀라운 발달을 했다. 특히, 이 시기에 원근법(遠近法) 즉, 투시법(透視法)의 연구가 점차 활발하였다. 이것이 당시에 토목 및 건축에 종사하고 있던 기사들의 요구에 따라 실용적인 기하학의 연구가 점점 고조되어 갔다.

여기서 투시법이라는 것은 우리가 보고 있는 입체를 그대로 종이 위에 재현시키는 방법이다. 그것을 실현시키기 위해서 입체와 우리들의 눈 사이에 한 평면을 두고, 눈과 입체 사이의 모든 점을 맺는 직선을 전부 상상하고 이 것을 눈과 입체사이에 둔 평면으로 절단하여 그 단면도(斷面圖)를 그리는 것이다. 이렇게 하여 얻은 그림자는 다음과 같이 입체감(立體感)이 더욱 강하게 나타난다.

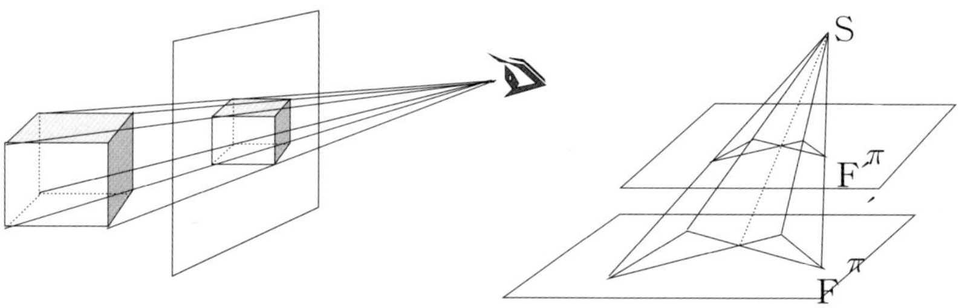

당시 실용기하학 투시법을 연구한 사람은 이탈리아의 알버트(Albert, 140~1472), 프란체스(Francesch, 1420~1492)이고 제일 먼저 알아둘 사람은 화가이고, 과학자인 레오나르 다빈치(1452~1519)이다.

이 투시법은 더욱이 독일의 유명한 화가 듀러(Durer, 1471~1528)에 의하여 독일에 소개되었다.

투시도(透視圖)를 그리는 경우에 한 점 S와 어떤 도형 F상의 모든 점을 맺는 직선을 만드는 것을 이 한 점(點) S로부터 이 도형 F를 사영한다고 한다.

다음에 이와 같이 해서 이루어진 도형과 점 S를 지나지 않는 한 평면 π'와의 교점이 만드는 도형을 만드는 것을 이 도형을 평면 π'로 절단(截斷)한다고 한다.

여기서 얻은 두 개의 도형 F, F′와 같이 서로 대응하는 점을 맺는 직선이 모두 한 점 S에서 만날 때, 이 두 도형은 서로 배경(配景)적인 위치에 있다고 한다.

레오나르 다빈치(Leonardo da Vinci)의 생각은 이 두 사영과 절단이란 조작으로 처음으로 기하학에 도입한 것이고 정말로 획기적인 일이라 하겠다.

(2) 이러한 실용기하학은 17세기에 들어와서 더욱 진보하여 프랑스 건축미술가 데자르그(Desargues, 1593~1662)에 의하여 그 면모를 일신(一新)시켰다.

데자르그는 다음과 같이 놀라운 정리를 발견했다.

「두 개의 삼각형 ABC와 A′B′C′에서 AA′, BB′, CC′가 한 점에서 만나면 대응변 AB와 A′B′, BC와 B′C′, CA와 C′A′의 교점은 한 직선상에 있다.」

이것을 데자르그의 정리라고 한다.

이것을 좀더 간단히 하면 「두 삼각형이 한 점에 대하여 배경적이면 한 직선에 대해서도 배경적이다」라고 말할 수 있다.

여기서 대응변 AB, A′B′가 평행인 경우에는 이들 두 직선은 만나지 않는가라고 생각할지 모른다. 그러나 데자르그는 그러한 경우에 두 직선은 무한히 먼 곳에서 만난다. 즉 무한원점(無限遠點)에서 만난다고 한다.

무한원점(無限遠點)에서 만나는 모든 직선은 유클리드 평면(平面)에서는 평행인 직선이다.

이와 같이 무한원점이라는 점을 도입한 사람이 데자르그이다.

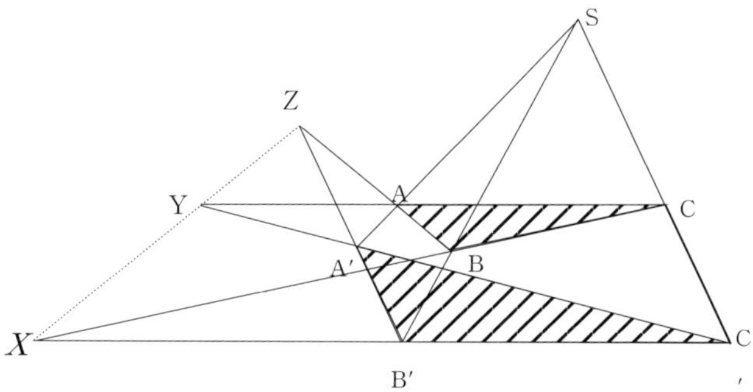

(3) 데자르그의 놀라운 착상을 멋지게 발전시킨 사람은 프랑스의 천재적인 수학자 파스칼(Pascal, 1623~1662)이다.

파스칼은 16세에 원추곡선론(圓錐曲線論)이란 책을 저술했다.

그 속에 유명한 파스칼의 정리(定理)가 있다.

「원추곡선에 내접하는 육각형의 상대변의 교점은 한직선상에 있다.」

파스칼은 데자르그보다 23년 늦게 1623년 6월 19일 프랑스 중부의 그레몽 페랑(Clermont-Ferrand)에서 태어났다.

그의 아버지는 클러먼트 재판소의 소장이었고 그리고 어머니는 4세에 사망했고, 그에게는 아름답고 재능 있는 여형제가 있었었다.

파스칼은 두개의 문학적 고전인 명상록(Pensées)와 시골 사람에게 보낸 편지(Lettres Provinciales)를 남기고 있다.

그는 7세에 파리에 가족과 같이 이사했고 이때부터 교육을 받았다. 그는 조숙한 아이였으나 빈약한 체질을 가졌었다. 그래서 아버지는 머리를 쓰는 수학을 금했다. 이것이 오히려 자극시킨 결과가 되었다.

12세에 그는 아버지에게 기하학이 무엇이냐고 물었다. 그래서 그의 아버지는 기하학에 대하여 설명해 주었다.

파스칼은 이때부터 쫓기는 토끼와 같이 목표를 향하여 돌진했었다. 그는 신동과 같이 수학에 대하여 조숙하였다. 그는 독창적으로 「삼각형의 내각의 합은 2∠R이다」를 증명했다.

그의 아버지는 뒤에야 수학자를 낳았다고 기뻐서 울었고 유클리드의 원론을 파스칼에게 주었다. 파스칼은 독학으로 이것을 읽고 마스터했다고 한다.

14세에 1주 1회의 학술토론회(學術討論會)(지금은 프랑스 과학학사원)에의 입회를 허가받았다.

파스칼은 16세(1939)에 파스칼의 정리에 특수한 경우를 증명했다.

즉, 「두직선 ℓ, ℓ' 상에 각각 임의의 3점 A, B, C ; A′, B′, C′가 있다. 교점 P=(AB′, A′B), Q=(BC′, B′C), R=(CA′, C′A)는 한직선상에 있다.」

이 정리는 원추곡선이 이 직선으로 분해될 때의 파스칼의 정리이다.

이 정리는 일명 「파푸스의 정리」라고도 한다.

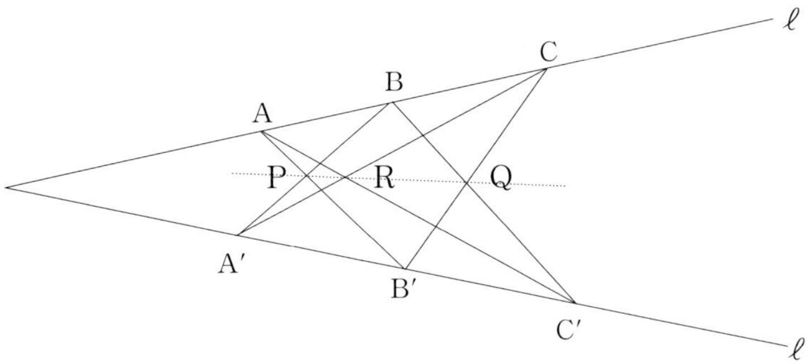

파스칼의 정리는 특색의 계량적이 아니고 사영적이라는 것이다. 선분의 길이와 각의 크기에는 관계가 없다.

여기에 양(量)의 기하학이 아닌 새로운 기하학(幾何學)이 탄생하였다.

파스칼은 이때부터 낮에는 격렬한 소화불량에, 밤에는 만성불면증 때문에 죽을 때까지 고통의 나날을 보냈다.

18세 때 세계최초의 계산기(計算機)를 발명했다.

파스칼은 1648년 과학의 분야에서 새로운 것을 발견했다.

그는 토리첼리(Torricelli, 1608~1647)의 암시에 따라서 기압계의 실험에 의하여 기압이 감소함에 따라 수은주(水銀柱)가 강하하는 것을 발견했다.

소위 파스칼의 원리를 발견했다.

데자르크와 파스칼은 처음에는 우정을 갖고 친교했으나 점점 상대를 받아들이지 않고 반목했다.

파스칼은 1650년에 스웨덴의 크리스틴 여왕의 반짝이는 눈매에 매혹되어 자기의 계산기를 세계최대의 여왕에게 바쳤다. 그러나 여왕은 자기가 파멸시킨 데자르크 대신에 그를 부르지는 않았다.

파스칼은 1658년경에 치통으로 고생할 때 사이클로이드를 생각하며 고통을 잊으려 했는데 놀랍게도 갑자기 고통은 그쳤다고 한다.

사이클로이드는 일직선상을 회전하는 차륜(車輪)의 주상의 일정점(一定點)의 운동의 궤적을 말한다.

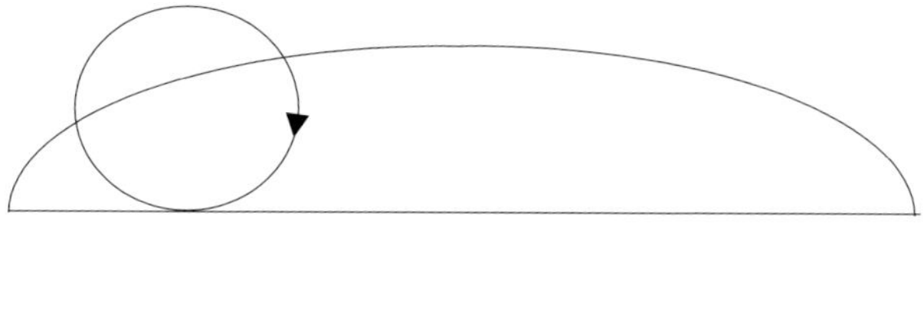

사이클로이드는 아름답게 균형이 잡힌 곡선으로서「기하학의 Helen」이 라고 부르고 있었다. 사이클로이드는 1501년 샤르르가 원적문제와 관계해서 처음으로 생각해낸 곡선이고 갈릴레이는 교의 아치로서 그 사용법을 밝혔고 사원의 건축 등에 역학적 이유로 인하여 미의 상징으로 많이 사용되었다.

파스칼은 8일간 연구하여 익명으로 발표했다. 1658년부터 부단(不斷)의 두통(頭痛), 불면증(不眠症) 등 여러 가지 병에 고생하였고, 1662년 8월 19일 기혼의 누님 집에서 경련의 발작을 일으켜 39세로 숨졌다.

파스칼의 업적 중에서 페르마와 같이 현대확률론을 확립했고 조합론에 나오는 파스칼의 삼각형도 유명하다.

$$\begin{array}{ccccccccc} & & & & 1 & & & & \\ & & & 1 & & 1 & & & \\ & & 1 & & 2 & & 1 & & \\ & 1 & & 3 & & 3 & & 1 & \\ 1 & & 4 & & 6 & & 4 & & 1 \end{array}$$

$${}_{n+1}C_r = {}_nC_{r-1} + {}_nC_r$$

(4) 기하학은 직관적인 연구로부터 떠나서 이것을 해석적인 방법으로 처리하려는 해석기하학은 일시 전성시대를 맞이하였으나 그 방법이 너무나 해석적이고, 직관적, 도형적, 기하학적인 미, 흥미와 취미가 없다는 기하학자가 말한 사영과 절단을 유력한 수단으로서 새롭게 부활하게 되었다.

프랑스의 공병사관 봉슬레(Pöncelet, 1788~1867)는 나폴레옹의 러시아 원정에 종군하여 불행하게 포로가 되었다. 그는 옥중에서「도형의 사영적 성질에 관한 논술」이라는 연구를 하여 발표했다.

그는 사영과 절단에 의해 불변인 도형의 성질을 사영적 성질이라 하였다. 그리고 사영적 성질을 연구하는 기하학을 사영기하학(射影幾何學)

이라 한다.

사영기하학은 그 후 카르노(Carnot, 1753~1823), 브리안숀(Brianchon, 1783~1864) 등을 거쳐서 스타이너(Steiner, 1796~1867), 뫼비우스(Möbius, 1790~1863), 찰스(Charles, 1793~1880), 본스타우트(Vonstaudt, 1798~1867) 등에 의하여 완성되었다.

5 뉴턴의 미적분 발견

17세기의 수학에서 가장 큰 수확은 미분법과 적분법의 발견이다. 이 계산법은 뉴턴과 라이프니츠, 그 외에 여러 학자들에 의하여 이루어졌다.

무한소해석(無限小解析)의 방법을 수학에 도입한 것은 수학에 있어서 큰 혁명적인 전환이 되었다. 이 전환은 수학 전체를 급속히 발전시켰고, 수학의 역할을 높이고 이것을 자연 과학의 체계 속에 응용했다.

이 전환의 동기는 제일로 공학, 천문학, 물리학에서의 요청에 의한 것이다. 이들 과학은 여러 가지 문제의 해결을 수학에 요구했을 뿐 아니라 연속량, 연속운동, 함수관계의 본질과 그 견해에 대한 개념을 풍부하게 했다.

수학과 과학의 밀접한 상호작용에 의하여 무한소계산이 완성되고 이것이 변량을 취급하는 수학의 기초가 되었다. 17세기에 있어서 수학의 내부에서 무한소의 계산을 창조하기 위한 충분한 전제가 되어 있었다.

그 전제는 다음과 같다.

1) 대수학 및 계산의 기술이 되어 있었다.
2) 변량과 좌표의 방법이 수학에 도입되어 있었다.
3) 고대의 무한소의 생각 특히 아르키메데스의 생각이 도입되었다.
4) 면적, 체적을 구하는 문제를 푸는 방법, 중심을 결정하는 방법, 접선 및 극한치를 찾는 방법이 발견되었다.

이와 같은 문제를 푸는 것, 즉 무한소해석의 창조에 참가한 사람은 다음과 같다. 케플러, 갈릴레이, 카발레이(1598~1647), 파스칼, 왈리스(1616~1703), 바로우(1630~1677), 페르마, 데카르트 등이다.

실로 해석학의 창조는 많은 학자들의 노고의 결실이라 할 수 있다.

(1) 뉴턴

영국의 물리학자 뉴턴(Newton, 1643~1727)은 빛의 스펙트럼, 산란, 뉴턴 ring에 대하여 연구하였으며, 가장 위대한 업적은 천체역학에서의 만유인력의 법칙이다. 1671년 변화율에 관한 논문에서 미분의 개념을 도입하였으며, 1667년 발간된 Principia에서 저항이 있을 때와 없을 때의 물체의 운동에 대한 논문을 발표하였다.

뉴턴(Newton, 1643~1727)

해석학의 가장 오래된 형식은 뉴턴이 발견한 유율법이다. 이것을 설명하기 전에 그의 일생에 대하여 알아보자.

뉴턴은 갈릴레이가 죽은 해 1643년 12월 25일 크리스마스에 유복자로 태어났다.

틴콘시엘(Tincoln Shire)주의 한촌인 울토르프(Woolsthorpe)에서 출생하였고 뉴턴은 어릴 때 미숙아이고 매우 몸집이 작았다고 한다.

그의 어머니의 말에 의하면 「1 크오트(1.4 l)들이의 컵 안에 들어갈 정도로 작았다」고 했다. 그의 어머니는 그가 3세 때 재혼하고 뉴턴은 할머니가 키웠다고 한다. 아버지의 유산에서 나오는 연 80폰드의 수입으로 살아야 했다. 어릴 때 몸이 약하기 때문에 난폭한 소년들과 놀 수가 없어서 혼자서 놀았다고 한다.

수학에 관해서는 조숙한 점은 보이지 않았지만 다른 아이들과 다른 관찰력, 기계를 만드는 특수한 재능을 소유하고 있었다.

구람샴 중학교를 다니고 캠브리지 대학을 가기 위하여 준비 중 하숙집의 양녀 스도－라와 만나 사랑을 했고 1661년 6월 19세 때 캠브리지 입학을 위하여 고향을 떠날 때 약혼을 하였다.

뉴턴은 일생을 통하여 연인 한 사람에게 열정적이었으나 연구몰두로 인하여 소원(疎遠)하게 되고 일생을 미혼으로 끝냈다.

1661년 6월 1일 캠브리지 대학의 급비생(給費生)으로 입학했다.

뉴턴의 수학 교수는 바로우(Barrow, 1630~1677)였다. 그는 신학자이고 수학자이며 유능하고 독창적인 학자였으나 유능한 제자 뉴턴의 그림자에 묻혀 빛을 보지 못했다.

그는 수학 강좌를 뉴턴에게 양보했다고 한다.

바로우의 기하학강좌는 자기가 발명한 곡선의 면적, 접선－본질적으로 미분학과 적분학의 기본이 되는 문제이고 뉴턴도 여기로부터 연구의 영감을 받았음에 틀림없을 것이다.

1664년 1월에 B.A의 학위를 받았다. 1664년부터 1665년 사이의 2년간은 유행병 페스트로 인하여 고향에 내려가서 미분학을 발명하고 만유인력의 원리를 발견했다고 한다.

1667년에 캠브리지에 돌아와서 바로우 교수의 뒤를 이어 26세로 교수가 되었다. 바로우는 뉴턴에게 학위를 주고 1년 뒤에 장년인데도 불구하고 제자의 재능과 학문상의 업적에 경의를 표하여 자기강좌를 뉴턴에게 양보하였다.

1668년에 뉴턴은 자기 손으로 반사망원경을 만들었고 이것을 사용하여 목성을 관측했다. 1672년에 왕립협회의 회원에 당선되었고 망원경과 광(光)의 입자설을 발표했다.

이것이 「자연 철학의 수학적 원리」이다. 여기서는 뉴턴이 역학 만유인력의 법칙을 논하고 있다.

그 당시의 왕과 대학당국이 어느 교도(教徒)의 학위문제로 논쟁이 생겨서 대법원에 학교대표로 참가하며 마지막까지 서명을 거부하여 결국에는 승리했다. 1689년에 대학을 대표하는 국회의원이 되었고 1699년에는 조폐국장관에 임명되고 1703년에 왕립협회 회장에 당선되었다.

1727년 3월 20일 85세로 잡든 그대로 영면했다.

유해는 웨스트민스터 사원에 안치되었다.

뉴턴과 라이프니츠는 「어느 편이 먼저 미적분을 발견했는가?」에 대하여 논쟁했다는 것은 과학사상 유명한 사건이다.

이 논쟁은 1700년경부터 시작한 것 같으나 처음에는 심하지 않았다.

라이프니츠의 방법이 유럽에 널리 쓰이게 되면서부터 뉴턴의 주위의 사람들이 라이프니츠를 '도둑놈, 표절자'라고 부르면서 학계에서 매장시키려고 했고, 왕립협회까지 이에 합세하여 논쟁은 일층 가세하여 국가간의 언쟁과 불화까지 발전했다.

뉴턴도 라이프니츠도 각각 독립적으로 새로운 계산법을 발견하였고 그들은 서로 다른 입장에서 출발해서 과학의 공통의 요구를 무한소해석(無限小解析)에 의하여 해결했다.

결국, 뉴턴쪽이 먼저 성공하고 라이프니츠 쪽이 조금 늦었다고 보고 있다.

그러나 발표의 우선권, 산법(算法) 및 기호의 편리함, 새로운 계산법의 적극적인 도입은 라이프니츠의 공적(功績)이 크다.

(2) 뉴턴의 유율법

뉴턴은 운동에 있어서 그것과 관계된 속도와 가속도의 개념을 나타내는 수학적 수단으로서 뉴턴은 유동률(流動率) 또는 유동법(流動法)이라 부르는 방법을 완성했다.

유율법에 있어서 여러 가지 형태의 연속인 역학적인 운동을 추상화한 것으로서 유량을 사용하고 있다. 유량(流量)이란 「흐름」 즉, 라틴어 fluo(흐른다)에서 온 말이다. 모든 흐르는 것은 어떤 독립변수에 종속하여 변한다고 생각할 수 있다.

이때, 공통인 독립변수는 시간이다. 먼저 시간을 정확히 추상화하고 다음에 균등인 흐름에 대하여 생각한다. 유량은 액체만이 아니고, 모든 변동하는 량을 포함하고 있다.

다음 유량에 있어서 시간에 대한 비율에서 흐름의 빠르기를 생각할 수 있다. 이것을 유율(流率)이라고 한다.

유율 그 자체는 또다시 변화하므로 유율의 유율 그리고 또 그 유율을 생각할 수 있다.

유량을 y라 할 때 첫 번째, 두 번째, 세 번째, …의 유율을 기호 y', y'', y''', …… 으로 나타내고 있다.

순간 빠르기(y')를 계산하기 위하여 무한히 작은 변화를 생각해야 한다.

뉴턴은 이것을 모멘트(moment)라 부르고 시간의 모멘트를 0, 유량은 y의 모멘트와 순간의 빠르기의 곱이고, 이것은 $\mathrm{O}y'$(= y'dt)로 나타냈다.

유량의 모멘트가 바로 유량(함수)의 미분이다.

반대로 유량을 y라 하면 유율을 y' 또는 □y로 나타내었다.

유율법에 의하여 두 개의 중요한 문제가 취급되었다.

이들 문제는 역학적 그리고 수학적으로 정식화된다.

1) 운동의 속도를 시간의 모멘트를 사용해서 일정한 방법에 의하여 규정했다. 다시 말하면 유량들 사이의 상호 관계에서 그 유율의 상호관계를 규정했다.

2) 운동체의 통과하는 거리를 그 속도와 주어진 시간에 의하여 정의했다. 수학적으로 말하면 유율 사이의 상호관계로부터 유량의 상호 관계를 정의했다.

제1의 문제는 소위 유율법의 기초이고 음함수와 합성함수의 미분문제와 자연의 기본법칙을 나타내는 미분방정식의 문제이다.

제2의 문제는 유율법의 역(逆)의 문제이다. 일반적으로 미분방정식을 적분하는 문제이다. 이 문제는 함수를 구하는 법이고 유율법에 있어서의 적분은 먼저 부정적분에 의하여 구하여진다.

기본문제를 풀기 위하여 뉴턴의 방법을 예를 들어 설명한다.

유량이 상호관계가 $x^3 + y^3 - 3axy = 0$일 때 유량의 상호관계는 시간의 모멘트 0에 대해서

$$(\mathrm{x} + \dot{\mathrm{x}}0)^3 + (\mathrm{y} + \dot{\mathrm{y}}0)^3 = 3\mathrm{a}(\mathrm{x} + \dot{\mathrm{x}}0)(\mathrm{y} + \dot{\mathrm{y}}0)$$

이항정리에 의하여 전개하면

$$\begin{aligned} & x^3 + 3x^2\dot{\mathrm{x}}0 + 3x\dot{\mathrm{x}}\dot{\mathrm{x}}00 + \dot{\mathrm{x}}^3 0^3 \\ & + \mathrm{y}^3 + 3\mathrm{y}^2\dot{\mathrm{y}}0 + 3\mathrm{y}\dot{\mathrm{y}}\dot{\mathrm{y}}00 + \dot{\mathrm{y}}^3 0^3 - 3\mathrm{axy} - 3\mathrm{ax}\dot{\mathrm{y}}0 \\ & - 3\mathrm{y}\dot{\mathrm{x}}0 - 3\mathrm{a}\dot{\mathrm{x}}0\dot{\mathrm{y}}0 = 0 \end{aligned}$$

여기서 0에 비하여 00 및 0^3은 극히 작은 부분이므로 생략할 수 있으므로

$3\mathrm{x}^2\dot{\mathrm{x}}0 + 3\mathrm{y}^2\dot{\mathrm{y}}0 - 3\mathrm{ax}\dot{\mathrm{y}}0 - 3\mathrm{ay}\dot{\mathrm{x}}0 = 0$이 법을 뉴턴은 다음과 같이 정식화했다.

1) 한 변수의 차수(次數)에 따라서 정돈한다.

2) 등차수열의 각 항에 $n\frac{\dot{x}}{x}$ 및 $n\frac{\dot{y}}{y}$를 곱한다.

3) 대응하는 곱의 합은 유율(流率) 사이의 관계를 나타낸다.

이것을 $x^3+y^3-3axy=0$에 적용하면

(1) $x^3-3axy+y^3$	$y^3-3axy+y^3$
(2) $3\frac{\dot{x}}{x}\frac{\dot{x}}{x}$ 0	$3\frac{\dot{y}}{y}\frac{\dot{y}}{y}$ 0
(3) $3x^2\dot{x}-3a\dot{x}y$	$3y^2\dot{y}-3ax\dot{y}$

$+$

$$3x^2\dot{x}-3y^2\dot{y}-3a(\dot{x}y+x\dot{y})=0$$

다음은 유율의 역의 문제에 대해서 알아보자.

유율 사이의 상호 관계로부터 유량의 상호관계를 구할 때, 이 역의 문제이다.

여기서 간단한 변환에 의하여 구적법으로 유량 사이의 관계를 얻을 수 있다.

뉴턴은 이 역의 문제에 있어서 정수를 더해야 한다는 것을 알고 있었다. 그런데 $M\dot{x}+N\dot{y}=0$인 형과 같이 비교적 간단한 방정식에 있어서도 잘 변환되는 것이 아니고 구하려는 함수도 얻어지지 않는다는 것을 깨달은 뉴턴은 $M=M(x, y)$, $N=N(x, y)$가 유리정식인 경우를 연구했다. 직접적인 방법에 의하여 바로 구할 수 없는 경우에 뉴턴은 유율의 일반적인 방법 즉, 멱급수 전개(冪級數展開)에 의한 방법을 사용했다. 그 중에서 가장 많이 응용된 것은 다음과 같다.

1) 2항식 $(a+b)^n$의 멱급수 전개에 관한 정리를 멱이 분수, 음수인 경우에도 확장했다.

2) 유리함수의 분자를 분모로 직접 나눈다.

3) 여러 가지의 변형에 미정계수법을 사용한다.

가령, 방정식

$$y = 1 - 3x + y + xy + x^2$$

에 있어서 y를 x의 멱급수로 전개하고, 이 급수를 y 대신에 우변에 대입하고 항(項)마다 적분하여 방정식을 푸는 것이다.

먼저, y의 x에 관한 멱급수전개를

$$y = x + \cdots\cdots$$

라 하면 우변은

$$y = 1 - 2x + \cdots\cdots$$

따라서 $y = x - x^2 + \cdots\cdots\cdots$ 이것을 다시 대입하면

$$y = 1 - 2x + x^2 + \cdots\cdots$$

따라서 $y = x - x^2 + \frac{1}{3}x^2 + \cdots\cdots$

미정계수법(未定係數法)에 의하여 뉴턴은 다음 표를 얻었다.

$y =$	$1 - 3x + y + x^2 + xy$
 y xy	$1 - 3x + y + x^2$ $x - x^2 + \frac{1}{3}x^3 - \frac{1}{6}x^4 + \frac{1}{30}x^5 + \cdots\cdots\cdots$ $x^2 - x^3 + \frac{1}{3}x^4 - \frac{1}{6}x^5 + \cdots\cdots\cdots$
합 $y =$	$1 - 2x + x^2 - \frac{2}{3}x^3 + \frac{1}{6}x^4 - \frac{4}{30}x^5 + \cdots\cdots\cdots$ $x - x^2 + \frac{1}{3}x^3 - \frac{1}{6}x^4 + \frac{1}{30}x^5 - \frac{1}{45}x^6 + \cdots\cdots\cdots$

6 라이프니츠의 미적분법

라이프니츠(Leibniz, 1646~1716)

라이프니츠(Leibniz, 1646~1716), 독일의 수학자로 물체의 운동에 관한 연구를 하던 중 적분 기호 $\int f(x)dx$를 처음으로 사용하였으며 $d(x^n) = nx^{n-1}dx$가 성립함을 발견하였다. 뉴턴과 함께 미분적분학의 기초를 세웠다.

(1) 라이프니츠

라이프니츠(Leibniz, 1646~1716)는 뉴턴보다 4년 늦은 1646년 7월 1일 라이브지히에서 태어났다. 그의 아버지는 라이브지히 대학의 도덕철학의 교수였다. 6세 때 아버지와 사별하고 주로 어릴 때는 라틴어와 고전문학을 연구했다. 15세때 라이프니츠는 라이브지히 대학의 법과에 입학했으나 주로 철학을 읽었다. 처음으로 캐플러, 갈릴레이, 데카르트 등의 근대철학자(近代哲學者)가 발견한 새로운 세계를 알았다.

이 신철학(新哲學)을 이해하기 위해서는 수학의 지식이 필요하다고 생각하여 1663년 여름에 예나(Jena) 대학에 가서 수학강의(數學講義)를 들었다.

다시 라이브지히에 돌아와서 법률학을 연구하여 1666년 20세에 라이브지히 대학에 법학박사의 논문을 제출하였으나 너무 젊다는 이유로 교수회는 학위를 거부했다. 실은 이들 전체보다 법률에 밝았다고 한다. 라이브지히 대학의 교수회에 실망한 그는 영원히 고향을 버리고 뉴렌베르그(Nurenberg)에 가서 1666년 11월 5일 법률 교수의 신방법에 관한 논문을 가지고 알도르프(Altdorf) 대학교에서 학위를 수여했으며 법률교수의 취임을 요청했다. 그러나 그는 데카르트가 생활의 욕구를 알고서 중장의 지위를 거절한 것과 같이 라이프니츠는 이것을 거절했다. 그는 후에 궁중고문관이 되었다.

1666년에 라이프니츠가에 「초등학교생의 작문」이라고 부른 조합론에 있어서 라이프니츠는 그의 보편적 기호법에서 현재 기호이론학이라고 부르는 학문을 구성했다. 그 속에서 논리적 가법과 논리적 승법, 부정, 공(空)인 류, 류(類)의 포함 관계 등의 주요 성질의 정식화를 연구했다.

그러나 이것은 정식으로 받아들이지 못하고 1840년 불(Boole)의 공적으로 돌아갔다.

라이프니츠는 1672년까지 당시의 근대수학에 대해서 거의 아무 것도 모르고 있었다. 그러나 파리 체재중(1672~1676) 정치의 여가에 호이겐스(C. Huygens, 1629~1695)에 의하여 라이프니츠의 수학교육이 시작되었다. 그 때 26세이다.

호이겐스는 물리학자이고 시계의 제작과 빛이 파동설로서 업적을 갖고 있었으며 우수한 수학자였다.

라이프니츠는 그 당시 벌써 파스칼보다 우수한 계산기를 갖고 있었다.

호이겐스의 지도 아래 승제(乘除), 누승근(累乘根)을 구하는 부분도 연구했다고 한다.

라이프니츠는 선거 후의 수행원으로서 런던에 갔었다. 그 곳에서 영국의 수학자와 만나 쌍곡선구적법(雙曲線求積法)을 들었다.

그래서 그는 무한급수(無限級數)를 연구하여

$$\frac{\pi}{4} = 1 - \frac{1}{3} + \frac{1}{5} - \frac{1}{7} + \frac{1}{9} - \frac{1}{11} + \cdots\cdots\cdots$$

을 얻었다.

런던 체재 중 라이프니츠는 왕립협회에 참석하여 자기의 계산기에 대하여 설명했다. 그 업적으로 그는 1673년 3월 왕립협회의 외국인 회원이 되었다.

한편, 뉴턴도 1707년에 프랑스 과학학사원의 최초의 외국인 회원이 되었다.

1676년 파리에서 하노버에 가기전에 미적분의 기본공식을 몇 개 만들어서 「미적분학의 기본정리」를 발견했다. (라이프니츠에 의하면 1675년) 1677년 7월 11일 발표했다.

뉴턴이 발표한 것은 이 저작이 있은 후(後)이다.

뉴턴과의 열렬한 논쟁이 개시되고 라이프니츠는 1682년(학술기록)(學術記錄)에서 뉴턴의 일을 맹렬히 비평하고 있다.

리이프니츠의 미적분학(微積分學)은 주로 1677년에서 1704년 사이에 스위스의 베르누이 형제의 노력에 의하여 유럽대륙에서는 유력하고 응용이 용이한 도구로서 발전했었다. 그러나 영국에서는 뉴턴이 그 수학적 발명을 자유로이 사람들에게 주는 것을 좋아하지 않았기 때문에 비교적 알려지지 않았다. 선거 후와 1673년에 헤어진 뒤 파리에서는 자유로이 연구할 수 있었다.

라이프니츠의 일생 중 남은 40년 간은 도서관장, 역사가로서 활약했다. 1700년 베를린에서 초대되었을 때 라이프니츠는 여가를 봐서 베를린 과학학사원을 설립하여 그 초대원장이 되었다. 이 학사원은 그 후 세계 굴지의 학술단체가 되었다.

라이프니츠는 1714년 브라운 슈바이크에 돌아와서 그의 주의 선거 후 게오르크가 영국에서 처음으로 독일인 국왕이 되었다는 것을 알고, 런던의 게오르크에 달려가려 했으나 왕립협회와 그 외의 적(敵)은 뉴턴과의 논쟁 때문에 그의 외교고문에 대하여 거절했다.

(2) 라이프니츠의 미적분

라이프니츠는 데카르트의 기하학을 읽고 접선문제에 관심을 갖게 되었다.

데마르트는 간단한 곡선만을 취급하였으나, 「역접선의 문제(逆接線의 問題)」즉, 각 점에서의 접선을 알고 있을 때 그 곡선을 구하는 문제에 대해서는 취급하지 않았으므로 라이프니츠는 이러한 쌍방의 문제를 일반 곡선에 대하여 연구하려고 했다. 이것이 라이프니츠가 미분학(微分學)에 진출한 첫 단계이다.

1684년에 발표한 논문에서 다음과 같이 말하고 있다.

「하나의 축 Ax와 곡선 Vv를 생각하여 그 곡선상의 점 V에서 축에 내린 수선을 Vx라 하고, 그 길이를 v라 하고, Ax를 x축으로 정한다. V에서의 접선이 축과 만나는 점을 B라 하고 또 임의의 한 선분을 dx라 하자. dx에 대한 비가 V가 BX에 대한 비와 같은 선분을 dv라 하고, v의 차라 부른다」하 고 되어 있다.

여기서 차가 현재(現在)의 미분(微分)이다.

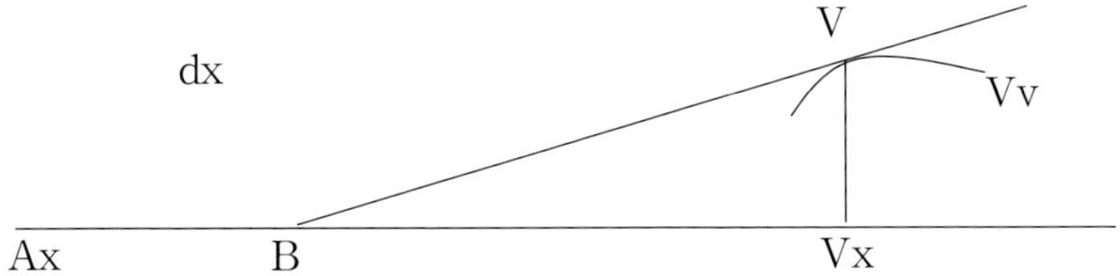

라이프니츠의 정의에서 미분은 「접선을 그을 수 있다」는 것이 전제로 되어있다. 접선은 기하학적으로 명백한 개념이라 하여 정의 없이 사용하고 있다. 따라서 미분법의 기본 공식에 있어서도 증명은 용이하다고 되어 있으므로 그 자체가 기하학적인 접선의 개념을 매개로 하여 정의되어 있으므로 증명하려면 기하학적이고 직관적인 방법에 따르지 않을 수 없다.

이 점은 뉴턴의 불완전하나마 「무한소의 비(無限小의 比)」의 개념을 써서 「유율」을 정의한 방법이 현대의 미분의 정의에 가장 가깝다고 할 수 있다.

적분에 관해서는 1686년 6월에 발표한 Acta Eruditorum의 「심원한 기하학과 불가분의 무한소해근에 대하여」란 논문에서 그 내용을 알 수 있다.

라이프니츠 「역접선의 방법」이라고 말하고, 구적분은 이 역접선의 방법의 특수한 경우임을 강조하고 있다. 역접선의 방법은 현대의 「미분방정식의 해법」에 상당한 것이고 이 방법으로 라이프니츠는 초월곡선을 수학에 도입하였다.

라이프니츠에 있어서는 미분법과 적분법이 기호화되었다는 사실이다.

뉴턴이 $\dot{x}$로 나타낸 것을 라이프니츠는 $\frac{dx}{dt}$로 나타내었다.

그러나 연산과정에 있어서는 라이프니츠의 것이 편리하고 낫다는 것을 알 수 있게 된다.

미분해서 $f(x)$가 되는 함수 즉

1) $\frac{d}{dx}F(x) = f(x)$인 함수 F(x)를

2) $F(x) = \int f(x)dx$로 나타내고 있는데 라이프니츠는 1) 대신에

3) $dF(x) = f(x)dx$로 나타내고, 이 양변에 $\int$을 계산하면

$\int dF(x) = \int f(x)dx$에서 $\int$와 d가 상쇄(相殺)되어 2)가 된다고 말하고 있다.

한편 (2)에 있어서 [d]를 계산하면

$dF(x)=d\int f(x)dx=f(x)dx$와 같이 $\int$와 d가 상쇄된다.

따라서 라이프니츠에 의하면 「$F(x)$가 주어졌을 때 $f(x)$를 구한 것이 미분(微分)한다」이 고, 「$f(x)$가 주어졌을 때 $F(x)$를 구하는 것이 적분(積分)한다」는 것이다.

이와 같이 해서 $\int$와 d는 서로가 역(逆)의 산법(算法)을 나타내는 기호가 사용하기에 편리하다. 이로 인하여 우수한 계산기술이 형성되고 여러 가지 자연 과학의 문제에 상용할 수 있게 되었다.

라이프니츠가 죽은 뒤 스위스의 수학자 야곱 베르누이와 일족(一族)이 이의 응용에 큰 공헌을 했으므로 라이프니츠의 방법은 급속한 발전을 했었다.

이것은 기호주의(記號主義)의 승리(勝利)를 의미한다.

그래서, 라이프니츠 자신도 「해석학의 비밀은 그의 기호에 있다」고 하였다.

(3) 참고

+, −	:	J. Widman	(1489)
$\sqrt{\ }$	:	Christoff Rudolf	(1525)
×, ~	:	H. Cardano	(1545)
i	:	Robert Recorde	(1557)
=	:	Tomas Harriot	(1631)
> , <	:	William Oughtred	(1631)
÷	:	Johann Heinrich Rahn	(1659)

04 18세기의 수학

CHAPTER

"수학은 모든 과학의 여왕이고 정수론은
수학의 여왕이다."

– 가우스(Gauss) –

MEMO

04 18세기의 수학
CHAPTER

1 18세기의 수학

17세기말에 뉴턴과 라이프니츠가 미분적분학의 기초를 발견한 후 수학전반에서 무한소해석의 방법이 도입되었다.

18세기에 있어서의 수학은 미분법의 기본적인 부분을 구성하는 계산방법과 문제를 푸는 방법이 대체로 이루어졌다. 미분법은 수학해석의 고전적인 하나의 기초를 이루고 있다. 이 방법과 결과를 체계적으로 설명한 최초의 교과서로 로피탈(L'Hopital, 1661~1704)의 무한소해석이 나왔었다. 그러나 그 역의 문제, 즉 적분학의 분야에서는 초등함수의 적분법이 계속되었고, 유리함수의 적분법은 겨우 부분분수로 고쳐서 생각하는 방법이 18세기초 라이프니츠에 의하여 발표되었을 뿐 아직 정적분의 개념에 토대를 두고 적분의 계산을 재구성하는 생각은 없었다. 이와 같이 18세기의 수학은 뉴턴과 라이프니츠의 미분적분학을 확립하는 수학 및 과학사상 가장 중요한 시대였다.

2 수학내용의 변화

(1) 수학해석

미분법과 적분법이 정식화함에 따라서 18세기에 있어서 가장 고도의 영역인 미분방정식론이 큰 성과를 올렸다.

자연과학의 문제로부터 얻은 1계 상미분방정식의 적분이 대수함수와 초등초월함수만으로 얻을 수 있었다. 이와 같이 실제적인 가치로 인하여 미분방정식이 열심히 연구되어 미분방정식론이 독립했다.

상미분방정식의 체계적인 발전은 요한 베르누이(Johann Bernoulli, 1667~1748)와 비차티(Biccati, 1676~1754)의 연구로 시작되었다. 그리고 동시에 실제문제에 의하여 편미분방정식의 해법이 연구되었다.

일반 해석학에 있어서는 1715년 영국에서 테일러(Taylor, 1685~1731)가 순역증분의 방법에서 함수의 테일러 전개식

$$f(x+h)=f(x)+\frac{df(x)}{dx}\cdot\frac{h}{1!}+\frac{d^2f(x)}{dx^2}\cdot\frac{h^2}{2!}+\cdots\cdots$$

을 발표했다.

테일러(Taylor, 1685~1731)

영국의 수학자 테일러(Taylor, 1685~1731)는 1712년 Taylor 정리를 발견하였으며, 1715년 유한차분법, 부분적분법과 테일러 급수에 대한 책을 발표하였다. 역함수(Inverse problem)에 대한 획기적 공헌을 하였으며, 이것은 사영기하학의 기초가 되었다.

이 급수가 수검하는가 않는가를 문제시하지 않았으므로 불분명한 것이라 하겠다. 이것을 오일러

가 해결했다.

1742년에 스코틀랜드의 매클로린(Maclaurin, 1698~1746)이 그 저서 유동율강요에서 매클로린 전개식

$$f(x)=f(0)+\frac{f'(0)}{1!}x+\frac{f''(0)}{2!}x^2+\cdots\cdots$$

을 발표했다. 이것은 테일러 전개식의 특별한 경우이다.

영국의 수학자 매클로린(Maclaurin, 1698~1746)은 뉴턴의 학통을 이어받아, 플럭션법을 연구하였고, 미분학에 이바지하고 이것을 기하학에 응용하였다. 급수전개에 관한 '매클로린의 정리'를 발견하여 저서 『유율법(流率法)』(42)을 기술하였으며, 이 책에는 조석(潮汐)의 이론 등도 포함되어 있어 물리학에도 이바지하였다.

매클로린(Maclaurin, 1698 ~ 1746)

(2) 복소함수론

복소변수의 영역에서도 함수를 급수로 전개하는 것을 응용한 함수개념의 확장이 기초가 되어서 복소함수론의 연구가 시작되었다. 특히 드무아브르(De Moivre, 1667~1754)와 오일러의 공헌이 크다.

드 무아브르(De Moivre, 1667~1754), 프랑스에서 태어나 영국에서 활동한 수학자로 확률론, 삼각함수의 개척자이다. 드 무아브르는 이항분포의 근사로서 정규분포를 발견하였으며 삼각함수에서의 드 무아브르의 정리로 유명하다.

드 무아브르(De Moivre, 1667 ~ 1754)

오일러는 처음으로 멱지수로서 장의 대수의 정의를 주어서, 바탕이 주어진 수가 되는 대수에 대하여

설명했다. 즉

$$a^x = N \text{이면 } x = \log_a N$$

그리고

$$e^z = \lim_{n\to\infty}(1+\frac{z}{n})^n$$

을 도입했다.

오일러는 계속해서 오일러의 공식

$$e^{i\theta} = \cos\theta + i\sin\theta$$

을 발표했다. 그리고

$$\cos\theta = \frac{e^{i\theta}+e^{-i\theta}}{2}, \quad \sin\theta = \frac{e^{i\theta}-e^{-i\theta}}{2}$$

다음에 복소함수가 해석함수가 되기 위한 십분조건

$$\frac{\partial u}{\partial x} = \frac{\partial v}{\partial y}, \quad \frac{\partial u}{\partial y} = -\frac{\partial v}{\partial x}$$

을 구하였다. 이것을 다랑베르(D'Alembert, 1717~1783)가 1752년에 오일러는 1755년에 발견했다.

1777년에, 오늘날 코시－리만(Caucly-Riemann)의 조건이라 부르고 있는 조건이 필요함을 오일러가 증명했다.

18세기의 30년부터 40년대 사이에 주로 오일러에 의하여 초등해석함수론이 생각되고 체계화되었다. 이 생각은 곧 심한 논쟁을 가져왔다. 특히 복소변수함수의 해석이었다. 이 부분에서 라이프니츠와 요한 베르누이에 의하여 복소수의 대수의 성질에 관한 논쟁이 심하였다. 라이프니츠는 이를 수가 허수라고 주장하고, 요한은 이 수가 실수라고 주장하여 서로 일보도 양보하지 않았다.

1749년 오일러는 이 문제에 정확한 견해를 주었다.

그는 $y = \log x$의 값은

$$x = e^y = (1 + \frac{y}{n})^n \ , \ n \to \infty$$

에서 결정했다고 했다. 이 식에서

$$x^{\frac{1}{n}} = 1 + \frac{y}{n} \ , \ y = n(x^{\frac{1}{n}} - 1)$$

을 증명했다. 이것은 현대식으로 나타내면

$$y = \log x = \lim_{n \to \infty} n(x^{\frac{1}{n}} - 1)$$

이다.

해석함수론은 1792년 라그랑주(1736~1813)에 의하여 확립되었다. 라그랑주는 오일러의 함수의 정의에 따랐었고, $f(x)$를 처음 사용했다. 그 평균치의 정리를 증명했으며 함수의 전개에 있어서의 급수의 수렴성에 대해서도 연구가 되어 있었다.

(3) 변분법

변분법(變分法)은 현대의 수학해석에서 매우 활발한 부분의 하나이다. 함수해석의 구성부분이 되고 있는 이 변분법은 수학해석의 여러 가지 분야에서 긴밀한 관련을 갖고 있다. 변분법적인 방법은 수학, 역학, 물리학 및 공학의 여러 가지 분야에서 응용되고 있다.

변분법은 18세기에 있어서 오일러의 연구 속에서 발생한 것이다. 그 후 라그랑주에 의하여 변분법은 정연하게 수학의 이론으로 조직되었다.

고대의 등주(等周)문제와 물리학의 극치적 문제, 곡면상의 측지선의 미분방정식 등에서 찾아볼 수 있다. 변분적인 문제를 일반적으로 푸는 방법은 1726년에서 1744년 사이에 오일러에 의하여 직접적인 방법에 의하여 해결되었다. 처음에 최강하선의 문제를 푸는 방법을 연구하고 1728년에는 곡면상의 측지선의 미분방정식을 구하였다. 적분

$$I=\int_{x_0}^{x} f\,(x, y, y', y'', \cdots\cdots)\,dx$$

에서 오일러의 미분방정식

$$\frac{\partial f}{\partial y}-\frac{d}{dx}(\frac{\partial f}{\partial y'})=0$$

을 증명하였다.

1755년에 상시 토리노(Torino, 이)의 포병학교의 수학교수였던 청년 라그랑주는 자기가 발견한 부분적분을 사용하여 적분의 도분을 계산하는 일반적이고 해석적인 방법을 오일러에게 보냈다. 이 방법은 함수의 변분을 도입하고 미분법을 변분에 확장하는데 있었다. 이것을 받아본 오일러는 열광했다.

오일러는 1762년 이후 변분의 계산을 모아 저작했다. 여기서 그는 처음으로 변분법이란 이름을 사용했다. 변분법은 그 후 라그랑주와 바이어슈트라스, 리만, 디리클레에 의하여 발전되었다.

(4) 미분기하학

해석학의 기하학적인 응용은 해석기하학의 발견과 무한소해석의 방법에 의하여 해석적으로 표시되어 처음으로 무한소해석의 대상이 가능하게 되었다. 18세기의 초기에 무한소해석에 의하여 평면곡선의 성질이 구명되었다. 미분기하학 발달의 제2단계는 공간곡선과 곡면의 연구에 있다. 이것에 필요한 전제는 3차원공간에 해석기하학적인 방법의 확장에 있다.

1731년에 처음으로 크래로(Clairaut, 1713~1765)는 그의 논문에서 3차 해석기하학을 사용해서 공간곡선과 접선, 법선, 접평면 등을 다루고 있었다.

오일러는 1728년에서 1732년 사이에 곡면상의 측지선의 연구를 시작하였다. 이렇게 해서 오일러는 곡선과 곡면의 일반론을 창조했다.

1770년대에 있어서 미분기하학의 중요한 문제의 하나는 곡면의 전개의 연구에 있었다. 가전면의 개념은 오일러가 도입한 것이다. 가전면이 되기 위한 조건을 구해서 발표했다. 가전면은 주면, 추면, 접선곡면에 한한다는 것이 잘 알려져 있다.

몽쥬(Monge, 1746~1818)도 1771년에 연구하여 1775년에 곡면의 전개에 대하여 발표했다.

18세기의 80년대에 있어서는 곡면과 곡선의 일반론을 해석기하학과 미분법에 의하여 창조하였다. 이 생각은 1782년에 오일러에 의하여 시작되었고 몽쥬, 라그랑주, 무시에(Meusnier, 1754~1793)에 의하여 미분기하학의 많은 성질이 연구되었다. 몽쥬는 미분기하학의 연구 이외에 화법기하학의 연구에도 참가하여 이것을 완성했다.

1798~1799년에 쓴 화법기하학을 출판했다.

2 베르누이(Bernoulli) 가(家)의 수학자

17세기, 18세기에 있어서 미적분학과 그 응용을 발달시키는데 있어서 베르누이가의 사람들의 지도적 역할은 대단히 중요하다. 근대 수학사상 베르누이 가의 업적을 경솔하게 넘길 수 없다. 베르누이 가는 3대동안 8명의 위대한 수학자를 배출했고 그들도 또한 그들의 자손을 많이 낳았고 그 중 약 반수는 남다른 두뇌를 가진 천재들이다. 수학일가인 베르누이의 자손으로서 120명 정도가 법률, 학문, 과학, 행정, 예술 등에서 명성을 떨치고 있었다.

베르누이 가는 카톨릭교의 압박을 피하여 베셀에 피난 온 신교의 가족이다. 베르누이 가의 창시자는 베셀에서 가장 오래된 명문과 결혼을 하여 대 상인이 되었다.

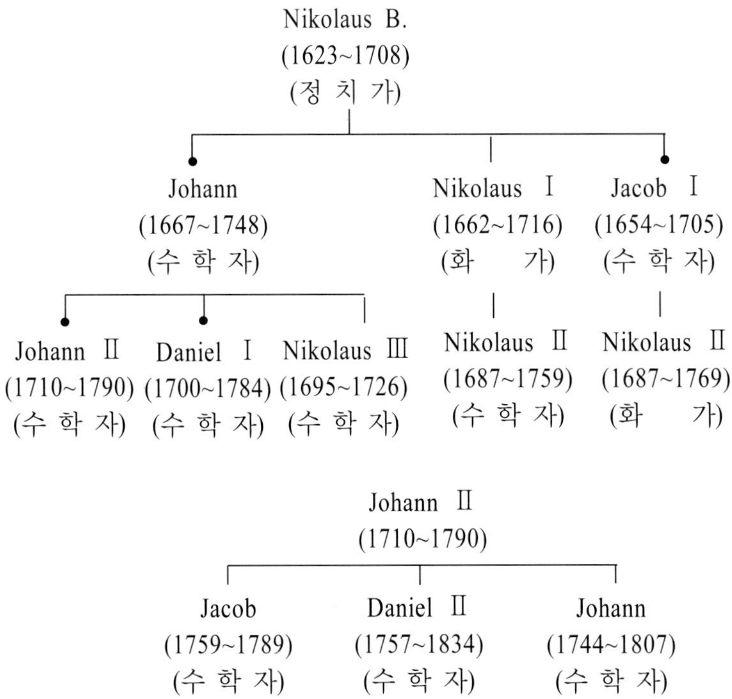

이 중에서 가장 저명한 수학자는 야곱(Jacob)과 그 동생인 요한(Johann) 그리고 요한(Johann)의 둘째아들 다니엘이다.

요한은 라이프니츠의 미적분학을 독습하였고 1686년부터 일생을 베셀 대학의 교수를 했다. 그는 미분적분학을 응용하여 기하학에 적용했고 대수나선 $r = ke^{a\theta}$를 발견했다.

이 곡선은 $\theta=$일정인 직선과 이 곡선의 접선과 이루는 각이 일정이다.

야곱(Jacob)는 등주문제－주가 일정일 때 면적이 최대인 곡선을 결정하는 문제－를 결정했다. 그 외에 최단강하선의 문제, 해석기하학, 역학, 확률론에 큰 공헌을 했다. 특히 그의 사후 1713년에 출판된 추측법에는 확률론에 있어 불후의 명성을 날린 「대수의 법칙」을 확립했다.

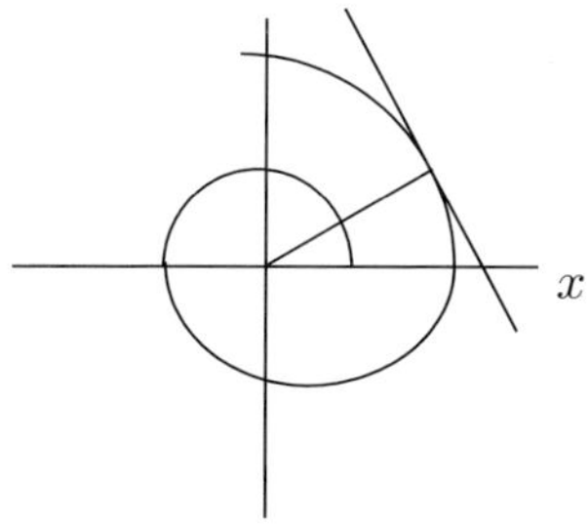

야곱은 자기의 묘비에 「내 몸은 죽어도 나는 같은 인간으로 부활한다」라고 새기기를 유언했다고 한다.

야곱의 동생 요한은 처음에 의학과 고전을 연구하여 베르누이 가의 혈통에 도전하려 했으나 형으로부터 수학을 배우고 수학으로 전향했다.

1705년 형의 뒤를 이어 베셀 대학의 수학교수가 되었다. 그는 가끔 형 야곱의 생각을 훔치려 했으며 자기가 차지하려고 한 프랑스 학사원상을 아들이 획득했을 때 흥분해서 집에서 쫓아내기도 했다. 요한은 수학에 있어서 형보다 다산이고 유럽에 미적분을 널리 알리게 하는데 큰 역할을 했다.

특히 베르누이의 미분방정식$dy+p(x)ydx=q(x)y^n dx$ 을 적분했다.

즉 치환 $y=v\dfrac{1}{1-n}$을 사용하여

$$v'+(1-n)p(x)v-(1-n)q(x)=0$$

으로 변형하여 해법을 구했다.

그리고 요한은 n계의 동차선형미분방정식

$$Qx^n\frac{d^ny}{dx^n}+\cdots\cdots+Bx^2\frac{d^2y}{dx^2}+Ax\frac{dy}{dx}+y=0$$

에 있어서 x^p인 형의 적분인자를 사용해서 그 계수를 낮추어서 해법을 구했다.

요한은 또한 등주문제의 해법으로부터 변분법을 발견했고 함수를 function라 부른 것은 그가 시초이다(1714). 그는 그의 아들과 오일러 를 길러냈고 수학 외에도 물리학, 화학, 천문학에도 많은 업적을 남겼다.

요한의 둘째 아들 다니엘은 오일러와 친구이고 사이좋은 경쟁상대였다. 그는 10번 프랑스 학사원상을 받았다. 그는 유체역학에서 많은 업적을 남겼고 에너지 보존의 법칙을 발전시켰다. 1725년(25세 때) 다니엘은 성 페테스부르크학사원에서 수학교수가 되었으나 마음에 들지 않아 8년 후 베셀에 돌아와서 해부학과 식물학, 물리학의 교수가 되었으나 그의 수학연구는 미적분학, 미분방정식론, 확률론, 진동론, 기체운동론 등 특히 응용수학의 문제를 연구했고, 다니엘 베르누이는 수리물리학의 창시자로 부르고 있다.

다니엘이 청년시대에 여행 중 이야기하고 있던 맞은편의 미지의 사람에게 「나는 다니엘 베르누이 입니다」라고 자기를 소개하였더니 상대편은 「나는 아이삭 뉴턴 입니다」라고 대답했다고 한다.

다니엘은 일생을 통해서 받은 수학적 재능을 최대의 선물로서 죽을 때까지 기뻐하였다고 한다. 수학적 재능을 발휘한 베르누이 가의 사람들은 위의 3사람 이외에도 수학에 공헌한 사람은 여러 사람이 있었다.

3 오일러

수학사상 가장 업적이 많은 수학자 18세기에 있어서 해석학의 최고의 권위인 오일러는 1707년 4월 15일에 스위스의 베셀에서 태어났다. 오일러의 아버지는 신교의 목사로 어릴 때는 수학에 열중했으며 일시는 야곱 베르누이에게서 수학을 배운 일이 있었다. 오일러는 베일 대학에서 처음에는 신학을 공부했으나 요한 베르누이한테서 수학을 배우고 나서 전념하게 되었다. 특히 요한의 아들 니콜라스와 다니엘과는 같이 공부할 수 있는 행운을 가졌다. 1724년 17세에 베셀 대학을 졸업하고 1727년에 니콜라스와 다니엘의 추천에 의하여 페테스부르크 대학과 아카데미에서 연구하게 되었다. 처음에 생리학교수로 취임했었다.

오일러는 페테스부르크에서 생리학뿐 아니라 물리학, 수학의 여러 가지 분야에 있어서 연구했다. 그는 해석학, 수론, 미분방정식론, 천문학에 관한 과학적 저작을 50편 이상 출판하고 80여의 원고를 완성했다.

오일러는 많은 국가적인 사업에도 종사했으며, 1738년 러시아 지도의 작성이란 중요한 일을 할 때 오일러는 한쪽 눈의 시력을 잃었다. 그러나 그는 수학과 과학의 연구는 더욱 더 활발했다.

1630년 안나가 여황제가 되고 난 뒤 러시아는 그 애인에 의하여 폭정하에 있었다. 오일러는 파리 학사원상을 타기 위하여 천문학의 문제를 3일 동안 풀었다. 이 때 긴장이 오래 계속되어 오른쪽 눈의 시력을 잃었다. 안나 여황제 사후 어느 정도 자유롭게 되었으나 벌써 러시아에는 흥미가 없었다.

1741년 프리드리히 대왕의 베를린 학사원의 초대를 기쁘게 받아들여 1766년까지 수학부문의 부장으로서 연구에 종사했다.

1760년 러시아군의 침입을 받아 오일러의 농장은 약탈당했다. 러시아의 장군은「과학에 대하여 전쟁을 하고 있는 것이 아니다」라고 말하여 실제의 손해보다 많은 배상금을 받았다. 그리고 오일러 의 피해를 듣고 프리드리히 대왕으로부터 충분한 대금을 송금받았다. 오일러는 프리드리히 대왕과의 불화로 인하여 1766년 59세로 에가데리나 여왕의 간곡한 초청을 받아들여 다시 페테스부르크에 돌아왔다.

에가데리나 여왕은 오일러와 오일러의 가족 18명을 대환영했다. 오일러는 곧 양쪽 눈이 보이지 않게 되었다. 그러나 그는 석반위에 공식을 써서 연구 생산력이 멸소하는 정도가 아니라 더욱 증대했다. 궁전에서 프랑스의 무신론자 철학가인 디데로(Diderot, 1713~1784)와의 신의 존재에 대한 논쟁은 유명하다.

드모르간의 고전적명저「Budeget of parades」(1872) 속에 이 사건이 쓰여지고 있다. 에가데리나 여왕은 디데로의 유창하고 떠들썩한 무신론에 싫증이 나서 오일러는 디데로가 수학에 대하여 무지임을 알고서,

「각하, $\dfrac{a+b^n}{n}=x$, 따라서 신은 존재합니다.」

라고 신의 존재를 대수적으로 증명했다.

디데로는 그것이 무엇을 의미하는지 몰라 침묵을 지키고 있었다. 거기에 모인 사람들의 폭소 속에서 디데로는 궁전을 떠났다 한다.

오일러는 1783년 9월 18일 77세로 죽는 최후의 순간까지 강장한 정신을 잃지 않았다. 그날 오후 매일과 같이 석반 위에 기구상승의 법칙을 계산하고 가족과 같이 식사를 했다. 천왕성은 그 당시 새로 발견한 별로서 오일러는 그 궤도를 계산하고 있었다. 그 후 그는 손자를 부르고 차를 마시는 도중 파이프가 손에서 떨어지고「나는 죽는다」는 한 마디를 남기고「오일러는 산다는 것과 계산하는 것을 중지했다.」

오일러가 죽은 뒤 1909년 스위스 자연과학협회는 오일러가 스위스 뿐 아니라 문명사회 전체의 유산으로서 전세계의 개인 및 단체로부터 경제적 원조를 받고 오일러의 논문집을 발간하려 했으나 너무나 방대하고 그리고 페테스부르크학사원에서 대량으로 발견되어서 너무나 경비가 많아서 중지하였다고 한다.

오일러(Euler, 1707~1783)

오일러(Euler, 1707~1783), 독일에서 태어나 주로 러시아에서 활동한 수학자로 함수의 기호 $f(x)$, 자연대수의 밑 e, 복소수의 i, π, $\sum$, 차를 나타내는 Δy, $\Delta^2 y$ 등의 기호를 도입하였다. 소수에 관한 연구도 하였으며, 당시 많은 수학자들이 실패한 $\sum_{1}^{\infty}\frac{1}{n^2}$의 값이 $\frac{\pi^2}{6}$임을 보였다.

또 오일러공식 $e^{ix} = \cos x + i\sin x$과 $\ln(-1) = \pi i$을 보였다.

(1) 오일러의 업적

오일러의 업적은 너무나 많아서 여기에 그 전체를 열거하기는 곤란하다. 그래서 우리에게 알려진 몇 가지만 알아보기로 한다.

1) $e = \lim_{n\to\infty}(1+\frac{1}{n})^n$

2) 오일러의 공식

$$e^{i\theta} = \cos\theta + i\sin\theta$$

3) 해석함수의 조건

$$w = u + iv$$

$$\frac{\partial u}{\partial x} = \frac{\partial v}{\partial y},\ \frac{\partial u}{\partial y} = -\frac{\partial v}{\partial x}$$

4) 특수적분 및 이상적분의 발표(1739)

5) 베타 함수(1731)

$$\mathrm{B(a,b)} = \int_0^1 x^{a-1}(1-x)^{b-1}\ dx$$

6) 감마 함수(1730)

$$\Gamma(x) = \int_0^\infty e^{-x}\ \ x^{a-1}\ dx$$

7) 변분법에서 오일러의 미분방정식

$$\frac{\partial z}{\partial y} - \frac{d}{dx}\left(\frac{\partial z}{\partial y'}\right) = 0$$

8) 쾨니스베르그의 7다리문제의 해법

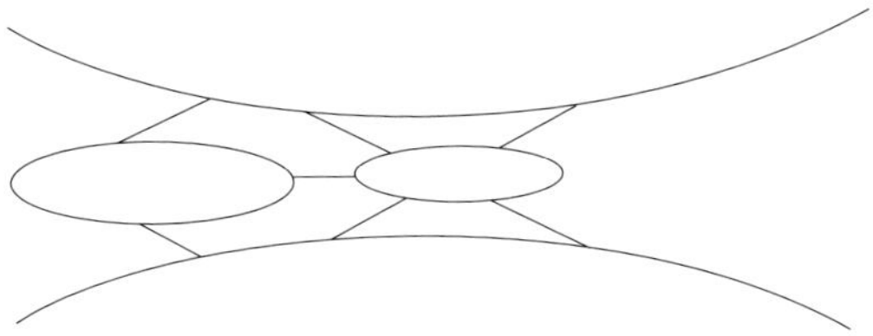

9) 오일러의 다면체정리

$$K(x) = d_0 - d_1 + d_2 = 2$$

여기서 K는 폐다면체이고 d_0은 정점의 수, d_1은 모서리의 수, d_2는 면의 수이다.

이 정리는 위상수학의 기초를 이룩했다.

4 라그랑주

「라그랑주는 수학세계에 높이 솟은 피라밋이다.」

이것은 니폴레옹 보나파르트(Napoleon Bonaparte)가 18세기 최대의 겸손한 수학자 요셉 루이 라그랑주(Joseph Louis Lagrange, 1736~1813)에게 드린 최대의 찬사이다. 나폴레옹은 그를 원로원의원 백작으로 대접했다.

라그랑주는 1736년 1월 25일 이탈리아의 토리노에서 프랑스인의 13번째의 막내아들로 태어났다. 후년 상속할만한 재산이 없는 것을 「만일 재산을 상속했다면 나는 틀림없이 수학에 자기운명을 맡기지는 않았을 것이다」라고 했다.

라그랑주는 학생시대에 고전에 대하여 흥미를 갖고 있었으나 뉴턴의 미적분과 뉴턴의 친구 호리(Holey)의 논문을 읽고 놀라운 단시일 내에 근대해석을 독력으로 독파했다.

16살 때 라그랑주는 토리노의 왕립포병학교의 교관이 되었는데 학생보다 연소하여 선망의 대상이 되었다 한다.

라그랑주는 처음에는 해석학자였고 기하학자는 아니었다. 그는 기하학의 책 속에서 농담조로 「역학은 4차원공간의 기하학으로 생각해도 된다」고 했는데 이것은 아인슈타인이 1914년에 일반상대성 이론에서 공간과 시간의 실재(x, y, z, t)와 같은 것이다.

1759년에 라그랑주와 그의 문하생들의 공동작품을 모아서 잡지 「Miscellanea Taurinensia」를 발간했으나 1792년에 폐간되었다. 겨우 30년 정도로서 폐간되었으나 그 동안에 오일러, 몽쥬 등이 중요한 논문을 기여하였으므로 중요한 공헌이 되었었다.

라그랑주는 19세 때 구상했던 해석역학은 1788년 그가 52세 때 발표했지만 변분법에 의하여 역학을 통일했으며, 해밀턴은 이것을 「일종의 과학적인 시」라고 칭찬했다.

24세 때 오일러의 추천에 의하여 그는 베를린 학사원 회원이 되었고 오일러가 페테스부르크로 떠난 후 1766년 11월 6일 그 뒤를 이어 베를린 학사원의 회장이 되었다. 겨우 30세의 젊은 청년으로 이러한 중요한 지위에 앉게 되었다는 것은 그의 업적이 얼마나 훌륭했는가를 알 수 있다.

그러나 1786년에 프리드리히대왕이 사거(死去)하여 라그랑주에 대한 냉대가 심하여 프랑스 정부의 초청을 받아들여 파리로 돌아왔으나 실의와 우울증에 걸려서 일시 연구를 중지할 정도였다.

1789년 혁명은 라그랑주의 무감동을 깨트리고, 한번 더 수학에 대한 열의와 흥미를 가져다 주었다. 다른 사람은 난을 피하기 위하여 베를린에 돌아가기를 권유했었다. 그러나 그는 프랑스에 남아서 때를 기다리고 있었다. 1785년 고등사범학교가 설립될 때 첫 수학교수가 되었고 뒤에 파리 이공과학교가 1797년에 설립될 때 최초의 수학교수가 되었다. 혁명하에 라그랑주의 중요한 업적은 도량형에서 미터법의 구성에 노력했다. 특히 10진기수법의 결정에 지도적 역할을 했다. 그는 고독하였고 힘없이 보였다. 60세 때 그의 친구인 천문학자 루모니에의 딸인 40세가 더 젊은 소녀와 결혼을 하여 행복하였다 한다.

나폴레옹이 수학에 대하여 흥미를 가지고 상당한 지식을 가지고 있었던 것은 가끔 라그랑주와 철학문제, 근대국가에서의 수학의 기능에 대하여 이야기를 한 결과라고 할 수 있다.

라그랑주는 생전에 오일러, 달랑베르(D'Alembert, 1717~1783), 몽쥬와 편지를 주고 받으며 서로 수학에 관한 의견을 교환했었다.

라그랑주는 1813년 4월 10일 아침에 76세로 눈을 감았다.

(1) 라그랑주의 업적

1) 오일러의 등주문제를 읽고 19세 대에 이 등주문제를 해석학의 대상이 될 수 있도록 변형하여 오일러를 놀라게 했다. 그는 이러한 논문에 의하여 변분학을 창조했다고 한다.
2) 일반좌표를 도입하여 해석역학을 창시하였다. 이것은 그가 19세 때 토리노에서 구상한 것인데 1788년 그가 25세때 파리에서 「Mécanique Analylique」란 제목으로 발표되었다.
3) 달의 이동의 문제－왜 달이 항상 같은 면을 지구에 보이고 있는가? －중심간의 거리의 제곱에 역비례하는 인력으로 서로 잡아당기는 유명한 <3체문제>를 해결했다. 여기서 삼체는 지구와 태양과 달이다. 이것으로 프랑스 과학학사원에서 상을 받았다.(1764)
4) n이 제곱수가 아닌 장의 수일 때 nx^2+1이 제곱수가 되는 정수 x를 구하는 2차항식의 문제를 해결했다. 제곱수의 이론은 정수론에서 중요한 표식이 되고 있다. 여기서 라그랑주의 기호 $\left(\dfrac{a}{p}\right)$를 도입했다.
5) 윌슨의 정리 : p가 소수일 때, $(p-1)! \equiv 1 \pmod{p}$를 처음으로 증명했다.
6) 대수방정식의 대수적해법을 연구하고 주어진 대수방정식이 대수적으로 풀리기 위한 필요충분조건을 구하는 문제는 완전히 해결을 보지 못하였으나 현대 대수학의 기초를 창조했다.
7) x의 함수를$f(x)$인 기호로 나타내고, 함수의 전개식

$$f(x+h) = A + Bh + Ch^2 + Dh^3 + \cdots\cdots$$

에서 $A, B, C, D\cdots\cdots$를 $f(x)$ $f'(x)$ $f''(x)\cdots\cdots$으로 나타냈다.
평균치의 정리 : $f(x)$가 $[a, b]$ 에서 미분가능할 때,
$\dfrac{f(b)-f(a)}{b-a} = f'(x)$가 되는 x가 $[a, b]$에 존재한다를 증명했다.

5 라플라스

라플라스(Laplace, 1759~1827)

라플라스(Laplace, 1759~1827), 프랑스의 수학자로 태양계의 안정성을 밝혔으며, 확률론에 관한 저술도 하였다. 여기서 지금의 우리가 학교수학에서 사용하고 있는 확률의 정의를 하였다. 라플라스 방정식, 라플라스 변환 등이 있으며, 확률을 삼각측량, 측정의 오차, 목성, 토성, 천왕성의 질량을 결정하는데 적용하였다.

프리에 시몬 라플라스(Pierre Simon Laplace, 1747~1827)은 프랑스의 노르망디의 작은 마을인 보오몽 오즈(Beaumont en Auge)의 가난한 농가에서 태어났다. 라플라스는 유명하게된 후에도 자기의 출신에 대해서 말하기를 꺼려할 정도로 소년시대는 곤란하였다.

보오몽(Beaumont) 사관학교에서 수학과 기억력이 뛰어났고 어떤 유력자의 추천에 의하여 파리에 가게 되었다.

파리에서 그는 달랑베르에게 추천장을 보이고 면회를 청했으나 거절당했다. 그래서 그는 숙소로 돌아가서 역학에 관한 일반법칙을 편지로 써서 보냈더니 달랑베르는 「나는 당신의 소개장에는 관심이 없다. 당신이 그럴 필요가 없다. 당신은 자기를 잘 소개했습니다」라고 말했다고 한다.

라플라스는 달랑베르의 소개로 파리 사관학교의 수학교관이 되었다.

라플라스는 라그랑주로부터 해석학에 필요한 것을 얻어서 그의 조건 천체역학을 써서 혼자만에 의하여 천체의 수학적 정리를 창조했다고 후세에 알리고자 했었다. 그는 태양계의 역학에 대한 그의 공헌은 누구의 것보다도 우수했었다. 라플라스는 24세에 파리 과학학사원의 회원이 되었다.

라플라스는 라그랑주와 대조적인 인물이었다.

라플라스는 수리, 물리학의 영역에서 공헌했고 라그랑주는 순수수학에 있어서 공헌을 했다.

1785년에 라플라스는 36세에 아카데미의 정식회원이 되었다. 그해에 그는 사관학교에서 16세가 되는 특별지원자를 시험보이게 되었다. 이 청년이 나폴레옹 보나파아트이고 그는 라플라스를 수리의 세계에서 정치의 세계로 끌어들였다.

1789년의 프랑스 혁명시에는 중요한 지위에 있지 않았으므로 처형을 면했다.

그 뒤에 나폴레옹은 그를 내무대신에 임명했다. 그는 별로 업적을 남기지 못하고 대단히 얼빠진 일을 해서 6개월후에 퇴임당했다.

그러나 1799년에는 상원의원이 되었고 1803년에는 부의장으로 선출되기도 했다.

그리고 나폴레옹이 몰락되었을 때 그는 무엇을 했는가? 그의 은인을 추억하는 법령에 서슴치 않고 서명했다. 그리고 신정부가 수립되었을 때 루이 18세에 충성을 다한 공로로 그는 라플라스 후작으로서 귀족원에 앉게 되었다.

라플라스는 1827년 3월 5일 「우리들이 알고 있는 것은 많지 않고, 알지 못하는 것은 무한히 많다」고 마지막 말을 남기고 죽었다.

1) 천체역학에서 태양계의 제혹성 상호간의 안전성의 문제를 해결했다. 그 후 1820년에 파리의 아카데미에서 코시가 무한급수의 수렴성에 관한 이론을 발표해서 79세의 라플라스는 당황해서 집에 돌아가 「천체역학속에 나와 있는 급수 하나 하나에 대하여 수렴성을 음미할 때까지 방문객을 받지 않겠다」고 한 것은 유명하다.

2) 포텐샬 이론에서 중요한 조화함수의 미분방정식

$$\frac{\partial^2 v}{\partial x^2}+\frac{\partial^2 v}{\partial y^2}+\frac{\partial^2 v}{\partial z^2}=0$$

을 구했다. 이것을 라플라스의 방정식이라고 한다.

3) 라플라스의 연산자 Δ을 도입했다.

$$\Delta v=\frac{\partial^2 v}{\partial x^2}+\frac{\partial^2 v}{\partial y^2}+\frac{\partial^2 v}{\partial z^2}$$

4) 확률의 해석적이론(1812)을 저작해서 현대의 확률론을 확립했다.

5) 그는 확률론 1권에서 라플라스의 변환

$$L(s)=\int_0^\infty e^{-st}\ \varnothing(t)\,dt$$

을 연구했다.

6 몽쥬와 푸리에

몽쥬와 푸리에는 이상하게도 그 경력이 유사한 점이 많다. 몽쥬는 화법기하학을 발명하였고, 푸리에는 열전도에 관한 고전적 연구에서 수리물리학의 근대화를 이룩했다.

몽쥬의 기하학은 원래 공병학을 위하여 발견한 것이었고, 이것이 없으면 19세기에 있어서의 기계의 다량생산은 거의 불가능했을 것으로 생각한다. 화법기하학은 기계공학을 실현하는데 필요한 모든 용기화(用器畵)와 그래프의 제방법(諸方法)의 기초였었다.

푸리에의 열전도에 관한 업적은 수리물리학의 중추신경인 경계치문제에 있어서도 중요성을 갖고 있다.

1) 가스파드 몽쥬(Gaspard Monge, 1746~1818)는 1746년 5월 10일 프랑스의 보느에서 태어났고 그의 아버지는 가난한 행상인이었는데 세 자식은 모두 전문학교에 보냈고 특히 몽쥬는 종교단체가 관리하는 전문학교에서 모든 것에 수위였기에 그를 황금의 소년이라 불렀다.

14세 때 소화펌프를 제작했고 16세에 측량기계를 만들어서 보느의 지도를 작성했다. 이 지도를 본 어느 공병학교가 몽쥬를 메지엘 육군사관학교에 입학시킬 것을 권유했으므로 아버지는 이것을 받아들여 이 학교에 입학시키려 했으나 가문이 낮은 관계로 입학이 허가되지 않았다. 그래서 이 학교에 부속기관인 공병양성소에서 축성에 관한 기술을 배웠다.

여기서 몽쥬는 3차원의 입체를 2차원의 평면에 실현하는 방법을 연구하였다. 이것이 몽쥬의 화법기하학의 기원이다. 이 방법은 당시의 포대설계에 큰 영향을 주었다. 따라서 현재에도 기술방면 뿐 아니라 순수수학면에도 커다란 발자취를 남기고 있다. 이 공로로 그는 곧 교수가 되었고, 1780년에 파리로 초청되어 루브르에서 유체역학과 기상학을 강의했다. 이때에 처음으로 화법기하학이라는 제목으로 처음 공개 강의했다. 이것이 학교에서 큰 반항을 일으킴으로서 수학계의 왕자가 되었고 파리 아카데미 회원이 되었다.

그러나 몽쥬는 가문이 낮아서 귀족에게 압박받을 우려가 있었다. 그래서 1789년의 프랑스 대혁명이 시작했을 때, 몽쥬는 이에 참가했다. 1790년 쟈꼬방당이 결성되자 이에 입당하였다. 1792년 8월 10일 해군대신 겸 식민지대신에 임명되었고 1793년 4월 10일 몽쥬는 혁명군의 병기를 만드는 병기창을 책임 맡았다. 혁명군은 90만의 군대를 징집하였으나 무기는 필요량의 $\frac{1}{10}$밖에 없었다.

그래서 그는「대포제조술」을 써서 전국에 일대 화약공장을 설립했다.

1794년 고등 사범학교(Ecole Normale)에서 화법기하학을 강의했으며 이 때 라그랑주가 이 강의를 듣고「몽쥬의 강의를 듣고 보니 자기가 화법기하학을 알고 있는 기분이 든다」고 했다.

1796년 몽쥬는 나폴레옹으로부터 한 통의 편지를 받았다. 이 때부터 두 사람의 친교가 시작되었다. 이 때 몽쥬는 50세이고 나폴레옹 은 27세의 이탈리아 파견사령관이었다. 나폴레옹이 황제의 대관식을 올릴 때 몽쥬가 교장인 파리의 고등 과학교(Ecole Polytechiques) 학생이 반대 시위했다. 나폴레옹이 몽쥬를 보고「몽쥬, 당신의 학생들은 공연하게 나에게 반대하고 있지 않는가?」라고 했을 때, 몽쥬는「폐하, 그 학생들을 공화주의자로 만드는데 몇 년 동안 고생했습니다. 제정주의자로 만드는데 시간이 걸립니다. 폐하의 전향이 너무나 빨랐습니다」라고 했다고 한다.

나폴레옹 실각 후 그는 빈민굴에서 숨어 살았고, 1816년 학사원에서 추방되었고, 1818년 7월 28일 그는 졸도하여 죽었다. 고등 과학교의 학생들이 장의참가의 허가를 신청하여 거절당하고 다음날 학생일동은 그들의 영원한 스승이고 친구인 몽쥬의 묘에 화환을 바쳤다. 프랑스에서 최대의 명문인 고등 과학교는 몽쥬의 유언에 따라 나폴레옹에 의하여 1797년 설립된 것이다.

몽쥬는 화법기하학의 발명이외에 해석적 연산과 기하학운동 사이의 관계에 착안하여 공간에서의 도형의 운동을 해석적으로 표현할 수 있다는 것을 확인하고 이것을 해석적인 편미분방정식으로 표시하여 곡면군을 연구하였다. 포물면의 연구와 편미분방정식에 있어서의 특유곡면의 이론을 확립했다.

2) 푸리에는 1768년 3월 21일 프랑스의 오세레(Au$x$erre)에서 재봉직공의 아들로 태어났고 8세때 고아가 되었다.

옥세레 사교 밑에서 자랐는데 처음에 승려가 될 수업을 했으나 도중에 프랑스 대혁명이 일어나서 그는 적극적으로 혁명에 참가했다. 1790년에 고등 사범학교의 교수가 되었고 혁명으로 알게 된 몽쥬의 초청을 받아서 고등 과학교의 교수가 되었다. 대수방정식에 관한 푸리에의 정리

「대수방정식 $f(x)=0$이 구간 $a < x \leq b$에서 갖는 실근의 수를 N이라 하자. $f(x)$, $f'(x)$, $f''(x)$, $\cdots$ 에서의 부호의 변화수를 V라 하면

$$N = V(a) - V(b) - 2h$$

이다.$(h \geq 0)$」

을 처음으로 발표했다.

1798년 나폴레옹의 이집트 원정에 문화사절의 일원으로 종군하였다.

그 공로로 푸리에는 1802년 1월 2일 익세레의 지사가 되어 나폴레옹이 엘바도로 유배될 때까지 같이 있었다. 그는 1814년 나폴레옹이 실각한 후 오랜 은혜를 망각하고 라플라스와 손잡고 루이 18세에 충성을 맹세하였다.

그러나 나폴레옹이 프랑스에 상륙하여 파리로 진격했을 때 다시 황제에게 충성을 맹세했다. 백일천하후 국왕 루이 18세는 푸리에를 공직에서 추방했다. 1816년에 과학학사원 회원으로 추천되었으나 배신자라 해서 국왕 루이 18세는 허락하지 않았다. 그러나 다음해에 허락되었다.

1826년에는 아카데미 프랑스의 회원이 되었다. 그러나 처세술이 좋았던 빛나는 생애도 1830년 5월 16일을 기하여 조용히 끝마쳤다. 푸리에는 1822년에 열의 해석학이론을 출판했다. 열의 전도라 하는 물리학 현상을 미분방정식

$$\frac{\partial v}{\partial t} = c\left(\frac{\partial^2 v}{\partial x^2} + \frac{\partial^2 v}{\partial y^2} + \frac{\partial^2 v}{\partial z^2}\right)$$

로 표시됨과 동시에 현재 우리가 「편미분방정식의 경계치문제」 논하고 있다. 이것의 부산물로 임의의 경계조건을 $v = f(t)$이라고 하면 이것은 급수

$$f(t) = \frac{a_0}{2} + a_1 \cos\ t + a_2 \cos\ 2t + \cdots\cdots + a_n \cos\ nt$$
$$\cdots + b_0 + b_1 \sin\ t + b_2 \sin\ 2t + \cdots\cdots + b_n \sin\ nt + \cdots\cdots$$

로 단언하였다. 여기서

$$a_n = \frac{1}{\pi} \int_0^{2\pi} f(t) \cos\ nt\ dt,$$

$$b_n = \frac{1}{\pi} \int_0^{2\pi} f(t) \sin\ nt\ dt$$

로 주어진다고 주장했다. 이러한 급표를 현대의 수학에서는 「푸리에의 급수」라고 부르고 있다.

05 19세기의 수학

CHAPTER

""가우스의 저서 「정수론 논문」은 정수론 연구의 대헌장과 같다."

－칸토르(M.Cantor)－

MEMO

05 19세기의 수학
CHAPTER

1 19세기의 수학

19세기 프랑스 혁명과 제 1차 세계대전 사이의 120년 간의 중핵으로서 수학역사상으로도 특색있는 한 시대였다. 이 시대에 수학은 미증유의 비약적 진보를 보았고 그 성과는 금세기로 이어졌다.

자유의 사상은 전쟁의 속박으로부터 인심을 해방시켰고 사회와 보다 넓은 계층에의 문화의 침수는 인재의 배출을 촉진했다. 특히 많은 대학이 설립됨에 따라서 많은 전문가의 협력과 또 그 경쟁이 연구를 촉진시켰다. 수학역사상 대체로 19세기를 3기로 나눈다. 처음 30년은 신수학의 발흥기, 다음 20년은 중간기 후반 50년은 원숙한 육성기이다.

19세기 초에는 새로운 시대를 고하는 봉화인 청년 가우스(Gauss)의 대저 "Disquisitiones arithmeticae"가 완성되어 계통화된 정수론이 등장했다.

프랑스에서 혁명이 한창일 때 설립된 고등 과학교로부터 다수의 저명한 수학자가 배출되었다. 가장 뛰어난 학자는 코시(Cauchy)이다. 극한 수렴의 개념에 대한 정확한 해석으로 미분적분법에다 그것이 발견된 150년후에야 비로서 확고한 기초를 다진 것은 그의 공적이다. 아벨(Abel) 및 야코비의 타원함수의 동시발견은 당시의 커다란 화제거리였다.

가우스는 대수방정식(對數方程式)의 근의 존재를 또 아벨은 5차 이상의 일반적 대수방정식의 대수적 해법의 불가능을 처음으로 증명했으며 더우기 갈로아의 방정식론이 첨가되어 대수학의 새로운 분야가 개척되었다.

봉슬레도 고등 과학교의 출신인데 그는 몽쥬의 뒤를 이어 사영기하학을 개척했다.

독일에 있어서는 뫼비우스(Möbius), 스타이너(Steiner), 프리케(Plücker)가 그것을 계승했으며 특히 스타이너는 대수곡선, 대수곡면의 사영적 생성에 총합법을 활용했고, 프리케는 사영좌표를 도입해서 해석기하학의 탄력성을 주었다. 이들의 19세기 초 30년 동안의 획기적업적은 어느것이나 20대 청년의 힘이다.

새로운 기하학은 30~40년대에 본스타우트(Vonstaudt), 찰스(Charles) 등에 의해서 추진되었는데 40년대에 와서는 그것과의 관련하에 불변식론이 발생했고 영국인 케일리(Cayley) 및 로바체브스키가 두각을 나타냈다.

디리클레(Dirichlet)는 가우스의 정수론의 간이화에 힘을 기울였으며 2차형식의 정수의 계산에 해석학의 방법을 하므로 이른바 디클리에수를 도입했다.

또 푸리에이부터 파생한 임의 함수의 각급수전개에 엄밀한 증명을 주었고 3각급수론의 단서를 이루었다. 이시기에 있어서 기록할만한 결과는 볼라이 및 로바체브스키에 의하여 비 유클리드 기하학의 동시 발견이라고 하겠다.

이것은 공리의 성격을 바꾸는 하나의 계기가 되어 철학적 관심까지 불러 일으켰다.

해밀턴(Hamitton)의 사원수 및 그레스만(Grassmann)의 광연론 불(Boole)의 논리대수 등도 거의 동시에 발표되었으나 그것들은 당시의 학계로부터 그다지 이해와 동정을 얻지 못했다. 시대정신의 힘에 밀려난 조산아라고 하겠다.

19세기의 수학 중흥의 막은 50년대의 리만(Riemann) 및 바이어슈트라스(Weierstrass)의 등장에 의해서 열렸다. 전자는 천재적이고 풍부한 창조에 의해서 모두 19세기의 수학에 비상한 영향을 끼쳤다.

리만(Riemann)은 복소변수함수론, 아벨 함수론, 3각급수론 및 기하학의 기초, 소수의 분포와 무리함수 등 획기적인 업적을 계속 발표하다가 40세로서 일생을 마쳤다.(1866)

한편, 바이어슈트라스는 시골중학교로부터 베를린으로 초빙되어(1864) 겨우 대학교수직을 얻었을 때는 이미 49세였다. 20년대에 코시에 의해서 착수된 해석함수론이 확립되고 특히 그 원형으로서 타원함수론이 완성된 것은 이들의 기여를 기다리고 있었던 것이다.

미분방정식론, 미분기학학 등에 미친 리만의 영향은 크다.

바이어슈트라스는 변분법을 개조했다. 그의 비판수학은 미분불가능인 연속함수평면의 일부를 덮는 피에노 곡선 등 이른바 「질적인 함수」를 낳게 했다. 그것들이 단서가 되어 실변수함수론이 생겼는데 여기서 칸토르(Cantor), 메라이(Méray), 데데킨트(Dedekind) 등에 의한 무리수론, 데데킨트, 페아노(Peano)에 의한 자연수론이 완성되어 수학의 산술화가 성취되었다.

이것은 20세기의 수학기초론에 이어졌다. 비 유클리드기하학은 케일리(Cayley), 크라인(Klein) 등에 의해서 사영기하학에 도입되는 계량(mertic)으로부터 생기는 것으로 인정되었다.

19세기 말에 이르러 힐베르트(Hilbert)는 「기하학 기초론」에서 평행선공리의 이외에도 종합공리의 역할을 검토해서 공리론(A$x$iomatics)의 시초를 이룩했다.

군의 이론 특히 유한군론은 70년대 이래 조르단 프로베니우스, 번사이드 등에 의해서 개척되었는데 리(Lie)는 무한소변환을 미분방정식에 크라인은 1차변환군을 기하학에 응용했다. 크라인 및 포앙카레에 의한 대수적정수는 쿰머(Kummer)의 이상수를 경유해서 결국에는 데데킨트의 이데알 론까지 발전했다.

크로네커(Kronecker)는 아벨체와 허수승법을 갖는 타원함수의 모듈방정식과의 사이에 똑같은 관계가 있음을 발견하고, 이것을 크로네커의 「청춘의 꿈」이라 했다.

마지막으로 기억해야 할 것은 최초의 여류수학자인 코발레브스카야(Kovalevskaja, 1850~1891)의 출현이다. 그녀는 바이어슈트라스에게서 배웠고, 1844년이래 마타그레플러(Mittag-Leffler) 밑에서 스톡홀름대학 교수로 생을 마쳤다.

코발레브스카야는 편비분방정식의 해의 존재성을 연구했으며, 코시-코발레브스카야(Cauchy-Kovalevskaja)의 존재정리는 너무나 유명하다. 19세기 말에 와서 수학의 연구는 더욱 복잡다하여졌고, 그것들 사이의 관계는 복잡하여 수학 전체를 달관하다는 것은 거의 불가능하게 되었다.

이와 같은 사정하에서 1898년 메이어(Meyer)의 제창으로 괴팅켄, 베를린, 빈의 학사원의 후원을 받아, 수학백과전서의 편찬이 계획되었으며 20년 세월을 지나 완성을 보았다. 그것은 19세기 수학의 조성도라 하겠다. 세계 각국 다수의 수학연구자 사이의 교재, 연구의 연락을 목적으로 해서, I. C. M(International Congress of Mathematicians : 국제 수학자 회의)이 개최되어 제 1차 세계대전 전에는 쥬리히(Zurich, 1896), 파리(1900), 하이델베르그(Heidelberg, 1904), 로마(1908)와 미국의 캠브리지(Cambrige, 1912) 등에서 열렸다.

각국에는 수학회가 많은데 그 가운데서 대구모인 것과 그 창립 연차를 말하면, 런던 수학회(1865), 프랑스 수학회(1872), 미국 수학회(1888), 독일 수학회(1907) 등이다.

2 봉슬레

모스크바를 향해서 진군하는 50만 나폴레옹 군대 속에 봉슬레(Pöncelet, 1788~1867)가 있었다. 그는 파리의 고등 과학교의 학생 때 몽쥬의 신화법 기하학과 카르노(1753~1823)의 위치 기하학(Géometrie de Position)을 강의 받았었다.

그는 1812년 11월 18일 프랑스 패장군속에서 러시아 군의 포로가 되었다. 영하 39°의 설로를 걸어서 1813년 3월 볼가강역에 도착했다. 그가 볼가 포로수용소에서 연구한 7권의 노트의 원고를 갖고 1814년 9월 조국 프랑스에 돌아왔다. 이것을 정리하여 1882년 도형의 「사영적 성질과 이론」을 출간했다.

봉슬레는 데자르그와 파스칼의 사상을 답습했고 거기에 카르노의 전(前)기하학이 직접적으로 영향을 끼쳤다. 사영기하학을 완성하는 데는 여러 학자의 손이 필요했다.

프랑스의 찰스(Charles, 1793~1880)는 비조군비 동형분할 대합관계를 기초로 발전시켰고 독일의 스타이너(Steiner, 1796~1867), 본스타우트(Vonstaudt, 1788~1867)는 사영적 방법을 발전시켰다. 그후 파스칼의 정리에 반대원리를 적용하여 프랑스의 브리안숀(Brianchon, 1785~1864)은 고등 과학교 재학중 브리안숀의 정리를 발견했다.

3 가우스

가우스(Gauss, 1777~1855)

가우스(Gauss, 1777~1855): 독일의 수학자, 19세기 전반 최대의 수학자로서, 순수 수학에는 물론, 응용 수학에도 눈부신 업적을 남겨 「수학의 왕자」로 불리고 있다. 그의 업적은 현대수학과 이론 물리학 외에, 오늘날의 과학 기술 분야의 발전에도 커다란 비중을 차지하고 있다. 그는 브란시마이크의 가난한 노동자 집안에서 태어나, 불과 10세 때 등차 급수의 합을 구하는 공식을 알아내어 선생님을 깜짝 놀라게 했다고 한다. 나중에 브린시바이크 공의 도움으로 괴팅겐 대학에서 공부하였다. 학생시절인 19세때 유클리드이래 2000년간 삼각자와 컴퍼스만으로는 그릴 수 없다고 생각해 왔던 정 17각형을 그릴 수 있음을 증명해, 대수학자로서의 면모를 보여주었다. 또, 최소 제곱수를 발견하여 복소수평면을 발표하였으며, 1799년에는 이른바 대수학의 기본 정리를 증명함으로써 학위를 받았다.

19세기 최대의 수학자 가우스는 독일의 브라운스윙(Braunschweing)의 벽돌공의 가난한 가정에서 태어났다. 그러나 소년시대부터 수학적 천재라는 것이 알려져서 괄 윌헤름 페르디난드 대공의 원조를 받아 1795년에 괴팅겐 대학에서 수학했다.

1799년 대수학의 기초정리 「대수방적식은 적어도 하나의 근을 가진다.」를 증명하여 학위를 얻었다.

1807년부터 괴팅겐의 천문대장겸 대학교수로 일생토록 그 지위를 떠나지 않았다. 어릴 때의 천재성에 대한 이야기가 많이 남아 있다.

아버지가 노동자에게 주금을 계산하는 것을 듣고 있던 가우스는 「아버지, 계산이 틀렸어요」라 했다고 한다. 그리고 그 암산력은 특히 천재적이었다고 한다. 10세 때 산술급수의 합

$$81297 + 81495 + 81693 + \cdots\cdots + 100899$$

를 선생이 다 쓰고 나니 그 답을 구했다 한다.

그는 2항정리

$$(1 + x)n = 1 + nx + \frac{n(n-1)}{2!}x^2 + \frac{n(n-1)(n-2)}{3!}x^3 + \cdots\cdots$$

에서 n이 양의 정수가 아니면 무한급수가 된다.

이 무한급수에 어떤 조건이 있어야 일정한 유한인 극한에 수렴하는 것을 조사했다.

가령 $x = -2$, $n = -1$이면

$$(1 - 2)-1 = \frac{1}{1-2} = 1 + 2 + 3 + \cdots\cdots$$

즉, $-1 = 1 + 2 + 3\cdots\cdots$

인 부조리가 생긴다.

가우스는 괴팅겐 대학에서 19세때(1796년) 정 17각형을 자와 컴퍼스로 작도하는데 성공했다. 이 작도로 해서 그는 수학을 전공하게 되었다고 한다.

이날부터 가우스는 과학일기를 쓰기 시작했다.

이것은 수학사상 귀중한 문헌이다.

1796년 7월 10일

Euréka(유레카)! num = △ + △ + △

(알았다!〈Eureka〉모든 양의 정수는 3개의 연수의 합으로 표시된다.)

1801년에 발표한 수론의 연구(1801)는 가우스의 걸작의 하나이다. 오늘날의 정수론은 이것에서 출발한 것이다.

스스로 「수학은 과학의 여왕이고, 정수론는 수학의 여왕이다.」라고 했다.

허수를 「가상의 존재」가 되지 않게 하기 위하여 기하학 표시를 연구하여 1811년 12월 18일에 베셀에게 편지로 알리고 있는데 복소 평면의 실제 발견은 훨씬 앞이라 하겠다.

노르웨이의 웨셀(Wessel, 1745~1818)은 1797년에 해밀턴(Hamilton, 1805~1865)은 현재의 복소수 사이의 연산형식을 완성했다. 그 후 가우스는 정 n각형이 자와 컴퍼스 만으로 작도가 가능한 조건을 방정식 $Xn - 1 = 0$을 푸는 것으로 바꾸었다.

그 결과로 「n이 소수이고 $n = 2p + 1$, $p = 2k$, $k = 0, 1, 2, \cdots\cdots$로 나타내면 정$n$각형은 작도 가능하다」를 증명했다.

1807년 페테르스브르크 학사원은 오일러의 사후 후임자가 없어 가우스를 추대하고자 했으나 독일국민은 세계최대의 수학자를 잃어버릴까 운동을 일으켰다. 그 결과 가우스는 괴팅겐 천문대장에 임명되었다.

프랑스의 나폴레옹군이 독일을 점령한 후 전비에 대한 200만 프랑의 기부를 강요당하여 지불능력이 없어서 곤란할 때, 라플라스는 파리에서 세계최대의 수학자 대신에 그 돈을 지불해 주었다고 한다.

복소함수론에서 정직성에 대하여 연구했으며 선적분에 대하여 가우스의 정리를 증명했다.

즉, 「선적분이 0이 되기 위한 조건은 $f(x)$가 곡선상의 각점 또는 내부에서 해석적이다」

나폴레옹군이 러시아정복에서 실패하여 퇴군한 1812년 가우스는 초기하급수

$$1 + \frac{ab}{c}x + \frac{a(a+1)b(b+1)}{c(c+1)}\frac{x^2}{2!} +$$
$$\frac{a(a+1)(a+2)b(b+1)(b+2)}{c(c+1)(c+2)}\frac{x^3}{3!} + \cdots\cdots$$

를 연구했고, 그 급수가 수렴하기 위한 조건을 결정했다.

가우스는 어떤 부호가 플러스인가 마이너스인가를 결정하기 위하여 4년간을 소비했다고 한다.

어느 때는 갑자기 어두운 구름이 사라지고 새빛이 반짝이듯이 그 해결이 머릿속에 떠오른다고 한다.

열렬히 영속적으로 주위 집중할 수 있는 능력이 가우스의 비법이라고 한다.

가우스는 곡면상에 곡선좌표를 도입하여 제1기본형식

$$ds^2 = \mathrm{E}du^2 + 2\mathrm{F}\ du\ dv + \mathrm{G}dv^2$$

을 연구하여 곡면 전곡률이 E, F, G 및 그 도함수로 표시할 수 있음을 밝혔고 곡률 및 전곡률에 대하여 연구하여 「미분기하학의 기초」를 확고히 했었다.

1855년 2월 23일 아침 가우스는 78세로 마지막 숨을 거두었다. 여기에 세계 최대의 수학자는 잠들다.

(1) 가우스의 업적

1) 2항정리에서 「−1은 무한대이다」라 는 불합리에서 무한급수의 수렴성을 조사하였다.
2) 대수학의 기본정리를 설명했다. (1795)
3) 정17각형을 작도했다.(1796)
4) 유클리드기하학의 증명에 의혹을 품고, 비 유클리드기하학의 발견

을 알고 있었으나 발표하지 않았다.(1792)

5) 합동식 a≡b(mod p)인 기호를 도입하여 2차 상호율(law of reciprocity)을 증명했다.

여기서 2차의 상호율이란 「p, q가 다 같이 소수일 때, 한 변의 합동식 $x^2 \equiv q(\text{mod } p)$, $x^2 \equiv p(\text{mod } q)$ 는 해를 갖고 있는가?」

6) 타원함수의 2중 주기성을 발견했다.(1797)

7) 복소수를 한 평면상에 표시했다. 이것을 가우스의 평면이라 한다.(1811)

8) 정n각형을 자와 컴퍼스로 작도할 수 있는 경우는 「n이 소수이고 $n = 2p + 1$, $p = 2k$, $k = 0, 1, 2, \cdots\cdots$ 일 때 뿐이다」를 증명했다.

9) 복소함수론에서 가우스의 정리를 증명했다. 즉 $f(x)$의 선적분의 0이 되기 위한 조건을 곡선상의 점 및 내부는 $f(x)$는 해석적이다.

10) 초기하급수

$$1 + \frac{ab}{c}x + \frac{a(a+1)b(b+!)}{c(c+1)}\frac{x^2}{2!} + \cdots\cdots$$

의 수렴성에 대하여 연구했다.(1812)

11) 곡면상에 곡선좌표를 도입하여 제1기본형식 전곡률에 대하여 조사하여 「미분기하학의 기초」를 확립했다.

4 코시

코시(Cauchy, 1789~1857) : 프랑스의 수학자, 19세기 전반 프랑스 수학계를 대표하는 학자로서, 도이칠란트의 가우스와 함께 현대수학의 근원을 이루어 「현대 수학의 아버지」로 불리고 있다. 기술 학교와 토목 학교를 졸업하고 토목 기사가 되어, 군영의 요새 등에 관련된 일을 보며 많은 논문을 발표하였다. 1816년 과학 학사원 회원과 모교의 교수가 되었으며, 1830년대 2월 혁명으로 제2공화국이 수립되자, 소르본느 대학 교수로 서 죽을 때까지 근무했다. 그는 함수에 대해 현대적인 정의를 내렸으며, 연속성을 정의하고, 또 함수의 복소수 함수론과 방정식론을 세웠다.

오귀스팅 루이 코시(Augustin Louis Cauchy, 1789~1857)는 1789년 8월 21일 파리에서 태어났다. 이해 7월 14일 프랑스 대혁명이 발발하였으므로 관사(官事)의 아들로 허약했다고 한다. 그의 아버지는 정부관사로 난을 피하여 시골에서 처자를 먹여 살렸다 한다.

오귀스팅 루이 코시
(Augustin Louis Cauchy, 1789~1857)

그는 고등 과학교에 들어가서(2번 입학)그곳에서 사립기사학교로 옮겨서 기사의 수업을 받았다.

1810년 3월 나폴레옹군의 공병장교로 세르부르로 향해서 출발했다.(짐은 가벼우나 임무는 무겁다.) 그의 가방 속에 라플라스의 천체역학, 라그랑주의 해석함수론, 토마스의 그리스토, 웰지로의 시집이 들어 있었다고 한다. 그가 공병장교로 근무하면서 볼록다면체에 관한 연구를 완성했는데 이것이 수학계에서 인정받아 1813년에 파리로 돌아와서 수학에 전념하게 되었다. 그후

에꼴 공과대학과 대학에서 수학을 강의하게 되었고, 1816년에 과학 학사원의 회원으로 추대되어 젊은 학자로서 최고지위를 차지하게 되었다.

그러나 당시의 샤를르 왕이 추방되었기 때문에 1830년에 토라노에 망명하여, 그곳 대학에서 수리물리학의 강좌를 맡았다.

그후 샤룰르 10세의 왕자들의 교육을 맡고 프랑스로 옮겼다.

1837년 50세가 되어서 코시는 학사원의 옛자리에 돌아와서 새로운 의욕을 갖고 연구에 열을 올리게 되었다.

그러나 소르본느 대학에 취직하려 할 때 새로운 나라와 루이 필립에게 충성을 맹세하지 않았기 때문에 그 적을 잃게 되어 토리노에 망명했었다. 그러나 측량국에 자리가 있어 전원일치로 선임되었다.

15년간 정부와의 싸움에서 그는 결코 양보하지 않았다. 1852년 나폴레옹 3세가 즉위하여 지위는 부활되고 코시는 서약을 하지 않아도 강의를 재개할 수 있게 되었다.

1857년 5월 23일 68세로 사망할 때까지 소르본느 대학에서 강의를 했으며 그 저작 789편의 논문을 남겼다.

(1) 코시의 업적

1) 코시는 해석학에서 먼저 함수의 정의를 명백히 했다. 즉 「약간의 변수 사이에 어떤 관계가 있고, 그 중의 하나의 값이 주어지면 다른 것의 값도 정해질 때 이 하나의 변수를 독립변수라 하고, 다른 변수를 그 함수」라고 정의했다. 그런데 오일러와 그 밖의 학자는 함수는 식이고 함수의 연속성에 대해서는 언급이 없었다.

2) 미분법에 있어서도 새로운 해석학을 확립했다. 함수 $y=f(x)$가 x의 주어진 두 양계에서 연속이면 변수에 주어진 무한이 작은 증분에 의하여 함수의 그 자체에도 무한히 적은 등분이 생긴다. 이때

증분의 비

$$\frac{\triangle y}{\triangle x} = \frac{f(x+\triangle x)-f(x)}{\triangle x}$$

여기서 $\triangle x$가 극한치 0에 접근할 때, 위의 극한값은 존재하면 x의 각 값에 대해서 일정한 값을 가지게 된다. 이것은 $f(x)$의 도함수라고 하고 y'또는 $f'(x)$라 한다. 여기서 「위의 극한값이 존재하면」이라고 붙여 있는데 연속함수라 할지라도 극한값을 갖지 않는 것이 존재함을 의미한다. 오늘날 도함수의 정의는 코시에서 볼 수 있다.

3) 평균치정리는 라그랑주가 「해석함수론」에서 처음으로 증명한 것인데, 코시는 이것을 「함수 $f(x)$는 두 양계 $x=x_0$, $x=x$ 사이에서 연속이고 그 사이에서 $f'x$의 최대값을 A, 최소값을 B라고 하면, $\frac{f(x)-f(x_0)}{x-x_0}$의 값은 반드시 A와 B사이에 있다」라 고 표현했다.

4) 해석학은 역학에 의하여 큰 발전을 보았다. 특히 미분방정식의 해를 구하는 것이 중요한 연구였으나 일반의 경우인 해의 존재에 대해서는 아무런 연구도 없었다. 코시는 이 해의 존재성에 관해서 엄밀히 연구하여 미분방정식론을 건설하려고 노력했다. 이 이론은 1820년 사이의 강의 중에서 발표되었고 최후로 「부등식 $|x - x_0| < a$, $|y - y_0| < b$를 만족하는 실변수 x, y에 대하여 $f(x, y)$와 $f(x, y)$가 단가함수이고 $|f(x, y)|$가 이 직사각형 내에서 유계이면 미분방정식 $\frac{dy}{dx} = f(x, y)$는 주어진 초기조건 $y_0 = f(x_0)$를 만족하는 해 $y = F(x)$를 단 하나 밖에 갖지 않는다」는 것을 증명하여 상미분방정식에 관한 이론의 기초를 확고히 했다. 이 이

론은 독일의 니프세츠(Lipschitz)에 의하여 확장되었다.(1876)

5) 코시는 복소수를 변수로 하는 함수의 연구에 있어서 큰 업적을 남겼다. 오늘날 함수론이라고 하는 과목의 기초확립은 코시가 한 것이다. 복소수함수에 관한 코시의 논문은 1815년에 완성되어 1825년에 인쇄되어 학계의 발표 되었는데 르장드르는 이것이 중요한 논문이라고 격찬했었다. 이 논문은 오일러, 라플라스등의 업적에 이론적 기초를 해준 것이라 말할 수 있다.

1814년의 논문에서 코시는 $f = u + iv$에 있어서 코시-리만 방정식 $\frac{\partial u}{\partial x} = \frac{\partial v}{\partial y}\ \ \frac{\partial u}{\partial y} = -\frac{\partial v}{\partial x}$ 가정하고, 이것이 좌표 $(x_0, y_0)(X, y_0)(X, Y)(x_0, Y)$ 되는 점 A, B, C, D를 꼭지점으로 하는 직사각형의 내부 R 및 주위 P 위에 있어서 연속이면

$$\iint_R \frac{\partial u}{\partial x}\,dx\,dy = \iint_R \frac{\partial v}{\partial y}\,dx\,dy$$

$$\iint_R \frac{\partial u}{\partial y}\,dx\,dy = \iint_R \frac{\partial v}{\partial x}\,dx\,dy$$

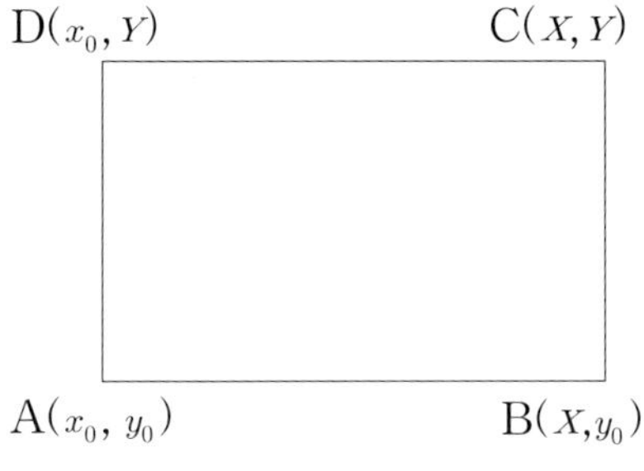

처음 식에서

$$\int_{y_0}^{Y} [u(X,Y) - u(x_0, Y)]dy$$

$$= \int_{x_0}^{X} [v(X, y_0) - v(x_0, Y)]dx \qquad \cdots \qquad ①$$

$$\int_{x_0}^{X} [u(X,Y) - u(X, y_0)]dx$$

$$= -\int_{y_0}^{Y} [v(X,Y) - v(x_0, Y)]dy \qquad \cdots \qquad ②$$

①에서 i를 곱해서 ②와 더하면

$$\int_{x_0}^{X} f(X+iy_0)dx + \int_{y_0}^{Y} f(X+iy_0)i\,dy$$

$$= \int_{y_0}^{Y} f(x_0+iY)i\,dy + \int_{x_0}^{X} f(X+iY)dx$$

가 성립한다.

즉, 함수 $f(z) = u + iv$에 있어서 $\frac{\partial u}{\partial x} = \frac{\partial v}{\partial y}$, $\frac{\partial u}{\partial y} = -\frac{\partial v}{\partial x}$가 성립할 때 $f(z)$를 직사각형 A, B, C, D의 주위를 따라서 적분하면 값은 0이다.

다시 말하면 코시의 적분정리 $\int_c f(z)dz = 0$이 성립한다.

6) $f(z) = u + iv$가 도함수를 갖는다는 것에 관해서는 「미분법의 강의(Lecons súr le calcul différentiel)」(1829)에서 복소수를 변수로 하는 정의를 실함수 때와 같이 미분계수를 극한치

$$f'(z) = \lim_{\triangle z \to 0} \frac{f(z+\triangle z) - f(z)}{\triangle z}$$

로 정의하고 있다.

여기서, $\triangle z$가 0에 접근한다는 것은 $|\triangle z|$가 0에 가까워진다는 것이다. 따라서 가우스 평면상의 어떤 방향으로 가까워져도 같은 극한치를 갖는다는 것을 의미한다. 이것을 의식한다는 것은 1851년의 일이다.

7) 1882년의 논문에서 코시의 적분공식의 연구가 발표되었다.

조르단(Jordan) 곡선 C_1, C_1, C_2 …… C_n 중에서 C_1 C_2 ……… C_n은 C의 내부에 있고 어느 두 개도 서로 타의 외부에 있다.

$F(z)$가 이들 $n+1$ 개의 곡선으로 경계가 된 영역 P 에서 정칙이고 $P \cup C \cup C_1 \cup \cdots\cdots C_n$ = D 에서 연속이면

$$\int_C f(z)dx = \int_{C_1} f(z)dz + \int_{C_2} f(z)dz + \cdots\cdots\cdots + \int_{C_n} f(z)dz$$

a를 C의 내부의 일점이라고 하면

$$\int_C \frac{dz}{z-a} = 2\pi i \text{ 이다.}$$

위와 같은 가설에서 $z \in D$ 일 때

코시의 적분공식

$$\begin{aligned} f(z) &= \frac{1}{2\pi i}\int_C \frac{f(\xi)}{\xi - z} d\xi \\ &= \frac{1}{2\pi i}\int_{C_1} \frac{f(\xi)}{\xi - z} d\xi + \cdots + \frac{1}{2\pi i}\int_{C_n} \frac{f(\xi)}{\xi - z} \xi \end{aligned}$$

이 성립한다.

5 아벨

아벨(Abel, 1802~1829)

노르웨이의 수학자 아벨(Abel, 1802~1829)은 오슬로에서 태어나 1823년 크리스티아니아 대학을 졸업하고, 1825년 베를린에 유학하였다. 1827년 귀국하여 타원 함수론, 적분 방정식과 5차 방정식의 대수적 불능 문제를 연구하고, 대수함수론의 기본 정리인 '아벨의 정리'를 발표하였다. 그러나 그의 연구는 살아서는 인정을 받지 못하다가 죽은 후에 그 가치가 인정되어, 대수학 발전에 큰 영향을 주었다. 저서에는 「타원 함수의 변량에 관한 일반 문제의 해」가 있다.

(1) 아벨

1801년 천문학자는 사상최대의 숫자시대를 장식할 젊은 수학적 천재의 새로운 성좌를 천궁에 찾았을지도 모른다.

젊은 나이로 요절한 천재적 수학자를 말하라면 아벨과 갈로아이다.

아벨은 1802년 8월 5일에 노르웨이의 남단의 빈촌 findö에서 출생했다.

그의 아버지는 목사였는데 이때의 노르웨이는 영국과의 오랜 전쟁으로 인하여 재정적으로 완전히 피폐하고 있었으므로 목사의 생활은 비참하였다.

1815년에 수도 크리스티아−지금의 오슬로−의 중학교에 입학했다.

년기에서는 우수한 학생으로 보이지 않았으나 1818년에 새로 부임해 온 홀름보(Holmboe)에게서 수학을 배우게 되면서부터 갑자기 그의 재능을 발견했던 것이다.

18세 때에 아버지의 사망으로 인하여 생활상태가 비참하게 되었으나 홀름보의 후원으로 대학까지 진학하게 되었다. 집에서의 송금은 절대적이었으므로 수업과 면제의 특전이라든가 장학생의 혜택을 받아 가면서 공부를 계속해야 할 형편이었다.

1823년에 대학을 나와 1년간 연구를 마친 후 1825년에 최소한의 경비로서 해외에서 유학이 허가되었다. 최초로 간 곳이 베를린이었다.

토목 기감 크렐레(Crelle)를 방문한 것이 기이한 인연이 되어서 곧 친밀한 교재가 시작되었다.

그리고 이 명사의 비호하에 수많은 연구실적을 올렸으나 이때 도이칠란드에서는 연구업적을 발표하는 기관이 없었으므로 아벨, 스타이너는 크렐레에게 잡지를 창간할 것을 열심히 친고 했다.

이것이 오늘날까지 계속해서 간행되고 있는 「순수수학과 응용수학의 잡지」가 창간된 동기이며 1826년의 창간호에는 아벨의 논문이 많이 실려 있었다.

1826년 7월 파리로 옮겨 갔다.

이곳에는 크렐레와 같은 후원자가 없었으므로 그의 생활이 넉넉지 못하였다. 그럼에도 불구하고 연구에 몰두하여 점차 발전하였으며 그 중에서도 어떤 종류의 비상히 확장된 초월함수의 일반성질에 관한 논문 「généनrale」는 훌륭했다.

이에 대해 그는 홀름보에게 「……… 다음 월요일의 과학학사원 정례회에게 읽어 주기로 되어 있습니다. 코시 씨에게 보아 주십사 하고 생각하였습니다 만은 부응해서 여의치 못하였습니다. "그러나 이것만은 훌륭한 업적이 아닐 수 없다!"고 할 만한 자신을 갖고 있습니다. 이에 대한 과학학사원의 선생님들의 고견을 하루 속히 듣고자 하는 바입니다. 이제부터 학수고대 하고 있겠습니다.………」라는 편지를 썼다고 한다. 이것으로 보아도 이 논문에 대한 그이 자신의 정도를 추측할 수 있다.

그러나 기대했던 날에는 이 논문을 읽지 못했다.

다음 주에도 그러했고 또 다음 주에도 그렇고 ……… 매일 줄어드는 지갑 속만 들여다보면서 크리스마스가 지나갈 때까지 기다리고 있었으나 결국 읽을 기회를 만들어 주지 않았다.

이 이상 기다리다가는 베를린으로 돌아갈 여비조차 없어질 것도 같아서 사실은 코시의 책상 서랍 속에 있었지만 남이 모르는 슬픈 가슴을 누르면서 12월 하순에 파리를 떠났다.

1827년 5월 20일에 귀국 하였으나 기대하였던 바와 같은 지위를 얻지 못하였다.

그래서 중학생의 보습(補習)을 도와주면서 궁핍한 생활을 해오던 중 1828년 3월에 대학의 강사가 되고나서 생활다운 생활을 하게 되었다. 그러나 과로로 인하여 이 무렵에는 폐를 상하게 되었고 연말에 즐뢰란드 애인 크리스티노 캠프가 있는 곳으로 가서부터 더욱 악화하기 시작하여 잠시 동안 누워 지냈다.

1829년 1월 6일에 「파리의 논문」이 영원히 소멸되어 버릴까 염려되어 고뇌와 싸우면서 병상에서 「어떤 종류의 초월함수의 일반성질의 증명」을 완성했다.

오늘날 우리들이 이것을 「아벨의 가법정리」라 부르고 있지만 르장드르는 금전보다도 영원히 남는 기념비를 이용하여 이를 극구 칭찬하였던 것이다.

이것을 쓴 날부터 절대안정을 계속하여 오랫동안 휴양에 노력하였으나 재기하지 못하였다.

그리고 1829년 4월 6일에 애인의 품에 안긴 채 27세라는 젊은 나이로 세상을 떠나게 되었다.

(2) 아벨의 업적

1) 「미적분의 강의」에서 코시는 「급수 $u_0(x)+u_1(x)+u_2(x)+\cdots\cdots$ 가 수렴하는 x의 값의 근방에서 $u_0(x), u_1(x), u_2(x)\cdots\cdots u_n(x)\cdots\cdots$가 연속이라면 이 급수의 합도 역시 연속이다」라 고 정의하였는데 이에 의아심을 최초로 가진 사람은 노르웨이의 천재 아벨이었다. 그가 베를린에서 공부하고 있을 때 이미 이 결론을 「이상하다!」고 의심했다는 사실은 1826년 1월 16일자로 중학시대의 은사 홀롬보에게 보낸 편지를 보아도 잘 알 수 있다.

$$\sin x-\frac{1}{2}\sin 2x+\frac{1}{3}\sin 3x-\frac{1}{4}\sin 4x+\cdots\cdots\cdots\text{(a)}$$

는 x의 모든 값에 대하여 수렴하고 또 $|x|<\pi$이면 $\frac{x}{2}$와 같다는 것은 엄밀히 설명할 수 있으므로 x가 π보다는 작은 값을 취하면서 π에 접근하면 (a)의 극한 값은 $\frac{\pi}{2}$가 됨을 알 수 있다. 그러나 $x=\pi$라 하면 (a)의 각항은 0이므로 (a)의 합도 0이 된다. 그러므로 (a)의 합은 $x=\pi$에서 불연속이 된다.

여기서 아벨은 「코시의 오류는 어떤 점이 있는가?」를 검토했다. 그리고 수렴의 본성을 추구하여 이에 두 개의 유형 – 보통수렴과 평등수렴 – 이 있다는 것을 발견했다. 이 「평등수렴」이 라는 말은 아벨이 도입한 것은 아니나 이때에 이에 관한 개념에 도달하였던 것으로서 수학사상 불멸의 공적이라고 하겠다.

2) 아벨의 연구로서는 우선 타원함수에 관한 연구를 말하지 않을 수 없다.

앞에서 조금 설명해 둔 바와 같이 아벨은 적분

$$\int_0^x \frac{du}{\sqrt{(1-c^2u^2)(1+c^2u^2)}}$$

을 직접 연구하는 대신에 이 적분으로 정의된 함수의 역함수, 곧 타원함수를 연구 하였다.

이것을 정리 완성한 것이 「파리의 논문」이다.

이 논문의 서두에 「이제까지 수학자에 의하여 생각된 초월함수의 종류는 극히 근소하다.」

초월함수의 이론이라고 해도 그것은 간단하고 특수한 경우의 대수함수의 원함수 혹은 지수합수의 이론에 불과하였다.

최근에 와서 점차 다른 함수를 생각하게 되었고 이 중에서도 르장드르가 연구한 타원함수의 아름다운 성질은 가장 우수한 것이 아닐 수 없다. 지금 과학학사원에 제출한 영광스러운 이 논문에 대하여 나로서는 다시 확장된 함수－도함수가 일변수의 유리함수를 계수로 하는 대수방정식으로 표현되는 함수－를 생각하여 대수함수와 타원함수의 성질을 갖는다는 것을 증명하였다고 쓰인 바와 같이 타원함수의 확장에 성공하였다.

이 논문이 코시의 책상 속에 파묻히어 있는 동안에 야코비가 동일한 내용으로 쓴 논문을 발표하였으므로 아벨은 증오와 실망한 나머지 기절하였다고 한다.

연후(年後)에 야코비는 아벨도 자기와 같은 연구를 완성하였다는 것을 알고 의분을 느끼어 르장드르에게 「……지금 우리들이 살고 있는 시대의 수학계에서 가장 중요한 발견이 선생의 조국의 과학학사원에 제출된 후 이미 2년을 경과 하였음에도 불구하고 선생과 선생의 동료들의 주위를 끌지 않았다 함은 대관절 어떻게 된 셈이지요……」하고 항의 하였으므로 르장드르도 놀래어 찾아본 결과 위에서 말한 바와 같이 과학 학사원의 코시의 책상 서랍 속에서 나왔다고 한다.

그후부터 이것이 과학 학사원의 정례회에서 읽게 되었고 그제야 아벨이 기대한 바와 같이 센세이션을 일으키게 되어 과학 학사원상을 이 논문과 야코비의 것에 분할해서 수여하기로 결정을 보게 되었던 것이나 유감스럽게도 이때에는 이미 아벨은 이 세상의 사람은 아니었다.

3) 또 하나 결과적으로 본다면 이 타원함수의 연구의 부산물이지만 아벨을 말할 때에 잊어서는 안 될 연구가 있다. 그것은 대수방정식의 해법에 관한 것이다.

앞에서도 논한 바와 같이 폰타나－타탈리아는 이러한 생각을 3차 방정식에 응용하였다.

곧 x^2 의 항을 제거하고 난 뒤에 타탈리아의 방법에 따라 변형해서 이 방정식의 차수를 낮추는데 성공하였다.

카르다노의 제자 페라리도 같은 방법으로 x^2의 항을 소거 하였으며, 그 뒤로는 타탈리아의 방법에 따라서 변형하여 이 방정식의 해법을 알아내는 데 성공하였다 함은 앞에서 논한 바와 같다.

이러한 사고방식을 5차방정식에도 응용하려고 치른한선은 대수방정식 $a_0x^5+a_1x^4+a_2x^3+a_3x^2+a_4x+a_5=0$에 대해서 적당한 교환을 가하고 형이 $y^5 + c_1y + c_2 = 0$과 같은 방정식을 만들었으나 이것을 아무리해도 $Z^5+C=0$이라는 형을 만들지는 못하였다.(1683)

결국 치른한선은 실패했으나 이에 자극을 받아 5차 이상의 대수방정식을 풀려는 기도가 이탈리아의 루피니를 위시해서 여러 학자들에 의해서 취급되었다.

그러나 모두 성공하지 못했다. 그리고 이 문제는 요컨대 기교한 계산물만 가지고는 해결 할 수 없고 어떠한 새로운 사상을 도입하지 않으면 안 될 단계에 이르렀다. 여기서 5차 이상의 대수방정식의 근을 계수에 가법, 감법, 승법, 제법, 및 개평을 유한번 시행해서 나온 식으로 표현하려는 것－이것을 간단히 「방정식을 푼다」고 말하다.－이 수학계의 과제가 되었다.

아벨은 15세 때부터 이 문제를 생각하여 왔으나 후년에 가우스가 「5차 이상의 대수방정식은 일반으로 대수적으로 풀 수 없다」는 것을 증명을 해내었다.

이때에 「유리영역」의 개념과 「치환군」의 사상은 계속하여 아벨의 연구를 발단으로 하여 육성되었다는 것을 생각해 보았으며 아벨의 사상에 있어서의 이 연구의 지위를 추측 할 수가 있을 것이다.

6 갈로아

갈로아(Galois, 1811～1832)

갈로아(Galois, 1811~1832) : 프랑스의 수학자, 21세의 적은 나이로 죽은 천재적 수학자로서, 「방정식의 대수적 해법」을 해결하였다. 파리 근교에서 태어난 그는 1828년 중학생 때 종합 기술대학에 응시하였으나 떨어져 사범학교에 입학하였다. 1829년 방정식에 관한 논문을 프랑스 과학 학사원에 제출했는데, 심사위원이 그의 논문을 잃어버렸으나, 뒤에 「방정식의 일반해에 대하여」라는 논문을 과학 학사원에 또 제출하였으나, 이번에는 심사위원이 갑자기 죽는 바람에 논문이 행방불명되고 말았다. 심혈을 기울여 쓴 논문을 두 번이나 잃어버린

그는 매우 화가 치밀어 사범학교에서 정치 활동에 열중 하였다. 1830년 콜레라에 걸려 가석방되었으나, 결투 끝에 죽었다. 그는 온갖 불행과 비극이 겹친 가운데서도 놀랄만한 수학적 업적을 남겼는데, 그의 업적은 그가 결투하기 전날 밤, 친구 수발레에게 보낸 편지에 기록되어 있다. 그 중, 오늘날 「군」으로 불리어지고 있는 이론에 의해 방정식을 대수학적으로 풀 수 있는 조건을 구한 「갈로와의 이론」 등이 유명하다.

아벨의 죽음의 길을 걷게 된 것은 빈곤 때문이지만 갈로아가 죽게 된 것은 사회의 부조리와 자신의 우행이다.

학술사상 자유방종한 천재가 앞을 내다보지도 않는 우행에 몹시 영향을 받은 예는 에바리스트 갈로아(Évarista Galois, 1811~1832)의 순간적인 생애 이외에는 없을 것이다. 그의 불운의 연속은 자기만족을 하는 철학자, 교육자, 부패한 정치가, 거만한 학자들에 대한 경종이 될 것이다.

갈로아는 1811년 10월 25일에 파리의 근교 부르라렌(Bourg-la-Reine)에서 출생하였다.

아벨이 빈곤층에서 자라난 것과는 반대로 그는 인간사회의 고초를 전혀 모르고 자라났다. 루이 르 그랑 중학교에 재학할 때부터 수학에 우수한 소질을 가지고 있음을 보여 주었으나 갈로아를 인정하여 주기는커녕 오히려 「항상 불필요한 질문을 하여 선생님들을 괴롭힌다」고 비판을 받을 따름이었다.

17세때에 대수방정식에 관한 논문을 과학학사원에 제출했다.

이 논문은 불행하게도 읽어야만 할 코시가 부주위해서 분실하였으므로 그의 내용은 전혀 알 길이 없다.

당시 프랑스의 수재들이 동경하던 고등 과학교를 두 번 응시하였으나 입학하지 못하였으므로 때마침 부활했던 고등 사범학교에 입학했다.

고등 과학교의 수험준비를 하고 있는 동안 「방정식의 일반해에 대하여」라는 표제의 논문을 파리의 과학학사원에 제출하였으나 심사하기 위해서 자택으로 가져갔던 상임이사 푸리에가 급서하였기 때문에 행방을 모르게 되어 버렸다.

두 번이나 분실사건이 일어났으니 어떻게 우연한 일로 생각하겠는가? 「천재가 영원히 냉대받고 하잘 것 없는 범인이 은혜를 독점하는 추악한 사회기구를 개혁하여야 한다」고 사회운동에 투신하여 1830년의 혁명에 참가하였고 또 교장 배척의 리더가 되었던 까닭에 고등 사범학교에서 퇴학 처분을 당하고 이어서 상뜨뻬라지의 감옥생활을 하게 되었다. 그러나 1832년 3월 이때 마침 유행하였던 격렬한 콜레라에 걸렸기 때문에 가출옥하게 되었다. 이 가출옥중에 최초의-그리고 최후가 되는-연애 사건을 일으켰다. 상대방의 여자는 보잘것없는 사람이었던 것 같은데 이 여자로 인하여 결투가 벌어졌다. 도대체 어떠한 이유로 결투까지 해야만 하게 되었는가에 대하여 누구하나 아는 사람이 없었다.

조그마한 일로 인하여 그 여인의 약혼자로부터 도전된 것이라고 생각하는 것이 가장 자연적일 것이다.

1832년 5월 30일 이른 아침에 결투가 벌어졌다. 그 전야(前夜)에 죽음을 예상하고 잠도 못자고 충혈된 눈을 비비면서 자기 사상의 아우트라인을 친구가 되는 쉬발리에(A, Chevalier)에게 써 놓았다.

아벨은 대수적으로 풀 수 있는 방정식을 하나의 준단(準團)으로 모아서 그 공통성을 추상해 가지고 목적을 달성하였지만 갈로아도 같은 방향으로 연구하였다.

그러나 이 천재는 그 목적을 달성하려고 방정식 그 자체와 부닥침이 없이 군(group)의 관념을 도입해서 이것을 방정식에 대응시켜 이 군이 가지는 특성을 연구하였고 그 중에는 방정식이 대수적으로 풀리는가의 여부를 결정하는 것이 존재함을 명백히 하였다.

유서 중에서 군에는 그의 기본성질을 명백히 하는 「상군」이 존재함을 명백히 표시했다.

그리고 어느 대수방정식에도 하나의 치환군이 대응하며 이에 의해서 방정식의 특성이 재현된다는 것을 표시했다.

방정식이 대수적으로 풀린다는 것과 이 방정식에 대응하는 치환군이 가해(可解)라는 것이 동치가 된다는 것에 착안하여 대수방정식이 대수적으로 풀리기 위한 조건을 구하는데 성공하였다.

적분에 관한 연구도 터치하였으나 이 유서에 씌어 있는 것 이외에는 아무것도 남아있지 않다. 거기에 쓰여 있는 것 중에도 어떤 의미인가를 이해 못할 점이 있다.

그러나 대수함수의 적분에 관한 것은 우리들에게 심원한 사상을 남겨 줌과 동시에 갈로아 적분은 3종의 적분의 합에 불과하다는 것과 그 주기 사이에 존재하는 양적 관계를 표시함으로서 그의 재능이 비범하다는 것을 나타내 주고 있다.

또한 「애매한 이론」을 해석학에 응용할 생각을 가졌음을 시사해 주고 있다.

이 이론은 이 유서에 있는 것만으로서는 전혀 짐작이 안가나 독일의 크라인은 「리만면과 같은 개념이 아닐까」하였고 일본의 高木貞治도 「Monolomy군에 관한 것은 아닐까」하고 말하였다. 여기에도 끝이 없는 넓은 영역이 천재의 개척을 기다리고 있었다고 생각할 때 그의 요절이라기보다도 쓸데없는 일로 피살된 일이 애석하다.

이러한 유서를 남기고 1832년 5월 31에 고통 끝에 생을 마쳤다.

7 바이어슈트라스

바이어슈트라스
(Weierstrass, 1815~1897)

바이어슈트라스(Weierstrass, 1815~1897) : 도이칠란트의 수학자, 베스트팔런 태생으로 중학생 때부터 기하학에 취미를 가졌다. 법률학을 공부하기 위하여 본 대학에 입학하였으나, 수학 책을 탐독하여 1842년에 <아벨 함수론에 대하여>를 발표해 주목을 받았다. 왕립 공예 연구소 및 베를린 대학 교수 등을 지냈으며, 주로 정수론을 연구하여 해석함수의 사상을 전개하였다. 해석수학의 기초를 확립하여, 아벨 이후의 대수학자로 불린다.

함수론은 코시로부터 시작되었으나 코시와 그 제자들은 특이점을 찾아서 연구하지 못했다. 이에 대한 연구를 깊게 하여 이것을 현대화 한 수학자가 바이어슈트라스와 리만이다.

칼 바이어슈트라스(Karl Weierstrass, 1815~1897)은 독일의 웨스트 팔렌지방의 오스텐펠데(Ostenfelde)에서 1815년 10월 31일에 출생했다. 빈곤한 세관사의 장남으로 아버지는 그를 장래 정치가가 되게 하려고 본 대학에 입학 시켰으나 바이어슈트라스는 수학의 강의—그 중에서도 프리케 강의—만을 듣고 있었으므로 졸업이 안 되었다.

형제가 많았으므로 아버지에게 「수학을 전공하겠다」고 무리하게 말하기도 곤란해서 가까운 뮨스터 대학(당시는 학위를 수여할 자격이 없었던 대학이었다)에 적을 두고 검정시험을 볼 준비를 하였다.

1년 가량 재학하다가 검정시험에 합격하여 수학교과 면허증을 받았으나 수학교사로서의 지위를 얻을 수가 없어서 체육교사로 근무했다. 그리고 40세가 넘도록 전혀 학계로부터 고립된 상태에 처해 있었으나 그의 역량은 1853년에 와서 마침내 인정되었던 것이다.

이 수학자가 어떻게 해서 세상에 알려지게 되었는가를 포앙카레(Poincaré)는 다음과 같이 전했다.

바이어슈트라스가 구프러시아의 김나지움(Gymnasium)의 체육교사 이었던 것은 사람들이 잘 알고 있다. 이 학교에서는 교사가 순번으로 연구논문을 써서 학보(學報)의 권두(卷頭)에 내놓게 되어 있었다.

바이어슈트라스의 순서가 왔을 때에 주위의 인사들은 철봉이나 평행봉의 효능에 대해서 논의될 것이라고 기대했었다. 그런데 이 사람의 귀중한 아벨함수에 관한 논문이 나왔으므로 그것을 읽게 된 교사 일동은 모두 의외로 생각하지 않을 수 없었다.

교내의 동료교사들은 그의 내용을 한 사람도 알 수 없어서 그것을 로션하인(Rosenhain) 앞에 전달한 결과 이 사람은 이 논문에 대단히 가치 있는 것임을 이해하여 주었다.

이러한 경로에 의하여 이제까지 누구 한사람도 알지 못했던 「바이어슈트라스의 천재가 광명을 얻게 되었습니다.」라고 말하였다.

1856년 가을에 쿰머의 추천으로 40이 넘어서 베를린 대학의 조교수로 발탁되었다.

당시 베를린의 수학계를 말해주는 학자로서는 쿰머와 크로네커가 있었다.

쿰머는 바이어슈트라스와 함께 김나지움의 교사직으로서 사회에 진출하여 10여년 간이나 그의 생활을 계속해 나왔으므로 바이어슈트라스와 같이 학계에서 고립되지는 않았다.

야코비를 위시해서 저명한 수학자와 교섭이 있었으므로 학문하는 점으로 보아서는 하등의 부자유가 없었다. 1842년에 브레슬라우대학의 교수가 되어 여기서도 10년 가량 강의하였고, 연구도 순조로웠다.

1855년에 디리클레가 가우스의 후임으로 괴팅겐대학으로 떠났으므로 그의 뒤를 따라서 베를린대학으로 전출하였다.

바이어슈트라스는 베를린대학에 부임하자 곧 쿰머나 크로네커와 같은 위대한 학자들에게서 강렬한 자극을 받게 되어 한때는 신경쇠약으로 고심하였다고 한다.

그러나 점차 청강생의 수도 증가하여 만년에는 그의 문하에 각국(各國)의 학자가 모여들어 200명 이상의 청강생이 이 대수학자의 강의를 듣고 있었다고 미타그 네플러가 전하였다.

그런데 유행성 감기로 인하여 오랫동안 누어서 휴양하였으나 효과를 보지 못하고 1897년 2월 19일에 89세라는 고령으로 서거(逝去)하였다.

바이어슈트라스는 책을 쓰지 않았다. 그만큼 이 대수학자가 강의한 노우트는 중요한 것이다.

이에 의하여 그의 목표는 아벨함수의 이론의 완성에 있었던 것 같다. 그리고 이 목적을 달성하기 위하여 연구를

1) 함수의 일반이론을 깊이 연구 할 것.
2) 타원함수의 이론을 완성하여 그것을 용이하게 일반화 할 수 있는 형식으로 전환할 것.
3) 아벨함수 그 자체를 연구할 것.

등 3단계로 분할했다.

이 연구를 수행함에 있어서 바이어슈트라스는 직관을 쓴다는 것을 극력 반대하였다.

그래서 부정한 것에서 출발함을 극력 피하여 직관에 의존하고 있는 관념을 철저히 분석해서 그것을 구성하고 있는 요소로 환원했다. 그리고

경험(經驗)과 직관(直觀)에서 독립한 해석의 힘으로 근저(根底)까지 파내려 갔다.

이것을 나타내는 현저한 예는 무한급수

$$\cos(\pi x) + b\cos(a\pi x) + b^2\cos(a^2\pi x) + b^3\cos(a^3\pi x) + \cdots\cdots \text{(b)}$$

로 정의된 함수이다.

여기서 크로네커의 델타로 유명한 네오포드 크로네커(Leopord Kronecker, 1823~1891)에 대하여 알아본다.

그는 1823년 12월 7일에 브레슬우에 가까운 리그니츠에서 출생하였다.

대학을 졸업하고 나서 큰아버지가 경영하고 있던 은행과 농장을 관리해야만 할 처지이어서 8년간이나 수학에서 손을 떼고 있었으나 방정식의 대수적 해법을 다룬 논문에서 다시 학계에 데뷔했다.

이 논문은 갈로아의 이론을 토대로 한 것이나 이 중에서 「2차 허수체 K의 상대 아벨 수체는 유리수체에 1의 승근과 타원적 모수함수의 불변식에 K의 수를 첨가한 수체로서 이루어진 것이다」라 고 추측했다는 것은 역사적으로 저명하다.

왜냐하면 웨버와 힐베르트와 같은 제 1인자가 전력을 다하여 이 추측이 옳다는 것을 해결하려고 매진하였으나 뜻을 이루지 못하였으므로 이 추측은 「크로네커의 청춘의 꿈」이 라고 불리게 되었던 까닭이다. 이러한 정세에 놓여 있을 때 일본의 高木貞治는 「상대(相對) 아벨 수체(數體)에 관한 이론에 대해서」(1920)에 있어서 상대아벨수체(相對Abel 數體)의 이론을 완성하였고 이의 단순한 응용으로서 이 크로네커의 추측(推測)이 옳다는 것을 증명하였다.

끝으로 여담일지는 모르나 이 대수학자의 애제자(愛弟子)이었고 또, 수학사상 홍일점(紅一點)이라고도 할만한 코발레브스카야(Kovalevskaja, 1850~1891)에 대하여 바이어슈트라스 전중에 있는 한 에피소드를 말할까 한다.

이 여류수학자는 1850년 1월 15일에 모스코바에서 출생했다. 본생가인 크로크프스키가(家)는 명문이었으나 17세때 외국유학을 하고 싶어서 부라디밀, 고발레프스키와 「가결혼」을 하였다. 두 사람은 하이델베르크대학에 입학하여 남자(男子)는 지질학(地質學)을 공부하고, 여자(女子)는 수학(數學)을 공부하였다.

1870년에 코발레브스카야는 단신으로 베를린으로 옮기어 바이어 슈트라스의 지도를 받았다. 당시의 베를린대학에서의 청강(聽講)을 금지(禁止)하였으므로 사택(私宅)에서 개인지도(個人指導)를 받았다.

이렇게 우대를 받게되어 4년간을 오로지 공부에만 열중했다. 그리고 1874년에 괴팅겐대학에서 논문 「편적분 방정식론에 대하여」로 학위를 받았는데 이때 구두시험이 면재 되었었다고 한다.

이것은 바이어슈트라스가 청년시대에 생각하고 있었던 것을 다시 깊게 연구한 것이라고 한다. 코시가 n개의 독립변수 $x_1, x_2, \cdots, x_n$의 함수 y로 구성되어 있는 제 2계선형편 미분방정식에 있어서 경계조건으로서 이를테면

$$y_1 = F(x_2, x_3, \cdots, x_n), \qquad \frac{\partial y_1}{\partial x} = G(x_2, x_3, \cdots, x_n)$$

$$x_1 = 0 \qquad\qquad x_1 = 0$$

주어졌을 때 해 y는 유일한 것인가에 대한 문제-이것을 현재 「코시의 문제」라고 부른다-를 제출하였던 것을 코발레브스카야는 특별한 경우로서 미분방정식의 계수가 해석함수가 되는 경우를 고찰하여 「해석적인 해는 유일하게 존재한다」는 것을 증명하였다.

이때 과로해서(완전히 피로했기 때문에) 러시아로 돌아가 정양(靜養)했다. 아버지가 사망했을 때의 고독감을 생각하여 지금까지와 같은 변칙적인 생활을 청산하고 코발레브스키부인이 되어 페테르스부르크의 사교계에서 활약했다.

그러나 딸 피피가 출생한 후(1878년)부터 다시 수학에 대한 정열이 타올라 별거하고, 학계로 투신하려 했지만 사업에 실패한 남편이 들어주지 않아 할 수 없이 별거하고 코발레스카야만은 베를린으로 가서 다시 바이어슈트라스의 지도를 받았다.

결정체에 있어서의 빛의 전파에 관한 연구를 하고 있었을 때 남편은 사업회복이 여의하지 못함을 비관했는지 1883년에 자살했다.

이것은 코발레스카야에게 대단한 쇼크를 주었다. 사망이 알려졌을 때에 실신했다고 한다.

이것으로 보아도 쇼크의 정도를 짐작할 수 있다.

얼마 후에 마타그 네플러의 학장으로 있는 스톡홀름대학의 강사가 되었으나 이것은 당시의 사람들 간에 물의를 일으켰다.

대학의 강의를 듣는 것까지도 금하였던 시대의 일이었으므로 상당히 심한 비평이 있었을 것이라고 생각되며 더욱이 교수로 승진시킨 관계로 마타그 네플러를 매우 비난했다고 했다.

그러나 세평(世評)에 굴복함이 없이 코발레스카야는 강체(剛體)의 회전에 관한 문제를 연구하고 있었다.

이 문제는 18세기에 오일러가 수학적으로 풀리는 형으로 변환했던 것을 19세기 초기에 라그랑주와 포아송이 발전시켰고 이어 야코비가 타원함수를 써서 일반적으로 풀었다.

코발레스카야는 무거운 강체를 대상으로 하였는데 이 연구의 성과는 「한 정점의 주위의 강체의 회전에 대해서」였다.

파리의 과학학사원이 이 논문에 대하여 보르당상을 수여하였으므로 앞에서의 비난은 반대로 칭찬으로 바뀌고 코발레스카야 교수의 명성은 세계 각지에 퍼져 여성을 위해서 만장의 기염을 토하였으나 애석하게도 보르당상 수상식에서 돌아오는 도중에 감기에 걸려 이것이 폐렴으로 악화했고 이 병으로 인하여 1891년 2월 10일에 사망했다.

8 리만

리만(Riemann, 1826~1866) : 독일의 수학자, 유클리드 기하학이 단 하나의 올바른 기하학이라 생각해 왔으나, 19세기가 되자 러시아의 로바체프스키에 의해 이것과는 다른 비유클리드 기하학이 시작되었다. 그러나 리이만은 1854년에 <기하학의 바탕이 되는 가설>이란 논문을 발표하여, 유클리드 기하학이나 비유클리드 기하학과는 다른 '리만 기하학'을 세웠다. 이것은 아인슈타인에 의해 상대성 이론에 응용되면서, 그 중요성이 더욱 나타나게 되었다. 그밖에 해석함수에서도 뛰어난 업적을 남겼다.

바이어슈트라스와 같은 예에 괴팅겐대학에는 직관에 예민하고 독창적인 해석학자이고 기하학자인 리만이 있었다.

게오르 프레드릭 베나드 리만(Georg Friedrich Bernhard Riemann, 1826~1866)은 1826년 9월17일에 하노버의 브레제렌즈에서 출생했다. 아버지는 목사이었고 아벨과도 비슷한 처지였으나 궁핍한 면은 아벨 정도는 아니었다.

1846년 4월에 괴팅겐대학에 입학했고 아버지의 뒤를 이으려고 신학과 언어학을 전공하고 있었으나 수학에 애착이 커서 도중에 전향했다.

1851년 11월에 논문 「한 복소변수의 함수의 일반이론의 기초」로써 박사학위를 받게 되었다.

그 후 괴팅겐대학에 취직하려고 1853년 12월 상순에 자격논문을 제출하고 그 이듬해 6월 10일에 시행한 시험강연에서는 가우스에게 제출한 테마 「기하학의 기초로 되어있는 가설에 관해서」에 대한 강연을 하였다.

실로 우수한 내용이었으므로 요지부동했던 가우스도 이때만은 완전히 흥분했었고 집에 돌아가는 도중에 리만의 사상이 얼마나 심원(深遠)한 것인가를 감격한 어조로써 웨버에게 설명하였다고 한다.

이것이 리만 기하학(幾何學) 창조이다.

이와 같이 최고의 찬사를 받고 자격시험에 합격하여 교수가 되었으나 청강자 수는 불과 8명이었다.

국가에서의 급여가 없어 청강료만이 유일한 수입이었으므로 경제적으로는 궁핍했으리라고 생각된다.

그러나 결혼 후 얼마 안 가서 폐(肺)가 악화되어 이해 11월에 이탈리아의 시칠리아섬으로 전지요양하려고 떠났다. 순조로이 회복되었으므로 이듬해 6월에 귀국하였으나 감기가 원인이 되어 재발했고 이것이 다시 악화해서 다시 8월에 이탈리아로 떠났다.

1864년 10월에 괴팅겐으로 돌아왔으나 이때도 귀국하자마자 누어있게 되어 아무 일도 하지 못했다.

그래서 1866년 6월 15일에 제 3회째 이탈리아 여행을 떠났으나 목적했던 마죠레 호반에 도착했을 때에는 재기불능이라 할 만큼 약화되었다.

그리고 얼마 안 가서 7월 20일에 그곳에서 사망했다.

1) 앞에서 코시는 Z가 실수치를 취하면서 변화하는 양이고 그 값의 각각에 대해서 실해지는 또 하나의 변량 W가 하나씩 대응할 때 이 평면 A의 도형을 함수 W로써 사상했을 때 각 점에서 생각되는 무한소삼각형의 상이성(相似性)이 보존됨에 착안하여 그는 $u+iv$가 $x+iy$의 함수가 되기 위한 조건을 편미분 방정식

$$\frac{\partial u}{\partial x} = \frac{\partial v}{\partial y}, \qquad \frac{\partial u}{\partial y} = -\frac{\partial v}{\partial x}$$

로 나타내었다.

이것을 오늘에 와서는 「코시-리만의 미분방정식」이라고 부르고 있는데 이것은 전술한 바와 같이 이미 코시도 동형의 방정식을 유

도해 냈기 때문이다.

2) 또 하나 리만의 함수론을 논함에 있어 잊어서는 안 될 것이 있다. 그것은 「리만면」의 도입이라는 것인데 이것이 어떠한 것인가를 나타내기 위하여 대수방정식 $W^2-Z=0$로 정의된 함수 $W(Z)$를 생각하여 보자.

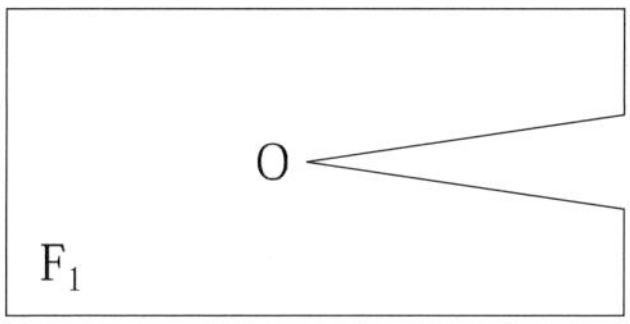

함수 $W(Z)$는 2가함수(2價函數)이다. 여기서 수평면의 양의 실축에 가위를 넣어서 자른 수평면을 두장 만들고 그것을 F_1, F_2라 하자. 이것을 F_1, F_2의 순으로 밑에서 포개 놓고 F_2의 가위자리의 아랫변과 F1의 가위자리의 윗변을 잇는다.

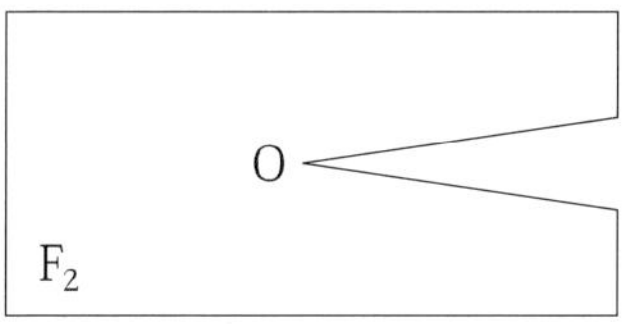

실제에 있어서는 불가능하나 관념적으로 F_2의 자른 자리의 윗변과 F_1의 자른 자리의 아랫변을 이었다고 생각하자. 이렇게 하면 하나의 곡면 F가 생긴다.

이 F의 각점에는 W의 값이 단 하나만이 대응한다. 그러므로 $W(Z)$는 F로 정의되어 있다고 생각할 때 이것은 곡면 F에서 1가(1價)이다.

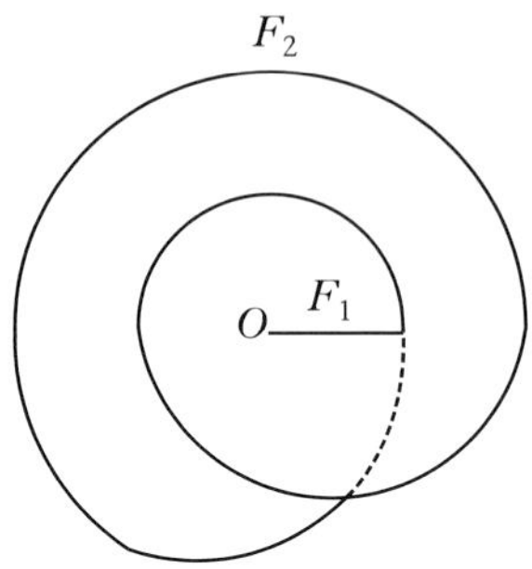

이 F가 방정식 $W^2 - Z = 0$으로 정의된
대수함수 $W(Z)$의 리만면인 것이다. 이것은 다가함수(多價函數)의 단치화(單値化) 뿐만 아니고 다가함수의 분기상태(分岐狀態)도 직관적으로 표시되고 있다. 이때에 양의 실축에 가위를 넣어 베었지만 이 자른 자리가 이러한 반직선이어야만 한다는 것은 아니다.
원점에서 무한원점까지 뻗친 단순곡선이면 무엇이든 좋다.
문제가 되는 것은 연결하는 상태 만이다. 다시 말하자면 도형의 위치와 형상만이 문제가 되고 계량관계는 문제가 안되는 위상적 고찰이 중요한 역할을 하는 것이지만 여기에 현재의 위상수학의 근원이 있다는 것을 생각할 때 리만의 연구가 장래를 얼마나 멀리 바라보고 있었다는 것을 알 수 있다.

3) 리만은 코시와 같이 구간 $[a, b]$를 분점

$$a = x_0,\ x_1,\ \cdots\cdots,\ x_{n-1},\ x_n = b$$

에 의해서 n개의 부분구간으로 분할하고 구간 $[x_{v-1}, x_v]$에서의 함수 $f(x)$의 상한을 $\mathrm{M}v$, 하한을 $\mathrm{L}v$라 하고

$$\mathrm{M} = (x_1 - x_0)\mathrm{M}_1 + (x_2 - x_1)\mathrm{M}_2 + \cdots\cdots + (x_n - x_{n-1})\mathrm{M}_n$$

$$\mathrm{L} = (x_1 - x_0)\mathrm{L}_1 + (x_2 - x_1)\mathrm{L}_2 + \cdots\cdots + (x_n - x_{n-1})\mathrm{L}_n$$

을 만든다.

「각 부분구간의 길이가 작아지도록 분점의 개수를 증가시킬 때 이 양자의 극한값이 일치하면 함수 $f(x)$는 구간 $[a,\ b]$에서 적분가능하다」고 정의하고 이 공통인 극한값을「구간 $[a,\ b]$에서 취한 $f(x)$의 정적분」이라고 명명했던 것이다.

그리하여 이에 양 극한값이 일치하기 위한 필요하고도 충분한 조건을 제시하였는데 이에 의하면 구간중에서 함수가 불연속이 될 만한 x의 값이 무한히 많을 때에도 적분 가능할 때가 있으므로「리만적분」은 불연속점(不連續點)을 유한개(有限個)라고 했던「코시적분」과 비교할 때 훨씬 비약하였다고 말할 수 있다.

4) 이 자격논문에 부수해서 시험강연이 있었다.

앞에서 말한 바와 같이 주어진 테마는「기하학의 기초가 되는 가설에 대하여」이었다. 이 다양체(多樣體)를 계량화(計量化)하기 위하여「거리」를 새로 정의했다.

이 다양체의 2점

$$(x_1, x_2, \cdots\cdots x_n),\ (x_1 + dx_1, x_2 + dx_2, \cdots\cdots, x_n + dx_n)$$

사이의 거리를

$$ds^2 = \sum_{i,k=0}^{n} g_{ik}\, dx_i\, dx_k$$

로 정의했다.

이 g_{ik}는 $x_1, x_2, \cdots\cdots x_n$의 함수이므로 g_{ik}에 특별한 값을 주면 그에 응(應)하여 하나의 다양체가 정의된다.

이를 테면, g_{ik}의 값을 모두 1이라고 하면

$$ds^2 = dx_1^{\ 2} + dx_2^{\ 2} + \cdots\cdots\ dx_n^{\ 2}$$

이 되는데 이것은 n차원「유클리드공간」이다.

다시 이 거리의 계량이 점의 위치에 관계하지 않는 조건을 구하기 위하여「다양체의 곡률」을 창안했다.

리만의 창안이긴 하나 가우스의「곡면(曲面)에 관한 연구」에서 도입한「곡면의 곡률」에서 힌트를 얻은 것이라 함은 말할 필요도 없다.

곡률이 정수가 되는 다양체에서는 양적 계수는 점의 위치에는 관계없이 이 곡률의 값만이 정하여진다.

특히 2차원에 한정되면 곡률이 양수일 때는 삼각형의 내각의 합은「2직각보다도 크다」음수일 때는「2직각보다도 작다」또 0일 때에는「2직각과 같다」는 것을 알 수 있다.

삼각형의 내각의 합이 2직각과 같다는 것은 유클리드기하학에서는 증명되었으나 이 증명의 기초가 되어있는 공준(公準)「1점을 지나서 주어진 1직선에 평행한 직선은 단 하나만 존재한다」에 의아심을 가지게 된 것은 러시아 로바체브스키(Lobachevsky, 1793~1856)와 헝가리의 볼랴이(János Bolyai, 1802~1860)이다.

이 두 사람의 수학자는 각각 독자적으로「한 점을 지나서 주어진 한 직선에 두개의 평행직선을 그을 수가 있다」고 가설하여 유클리드의 타의 공준과 공리는 모두 보존해 놓고 다른 하나의 기하학을 건설해 냈다.

이 기하학에 의하면 삼각형의 내각의 합은 2직각보다도 작다.

따라서 이것은 벨트라미(Beltrami)가 나타내고 있는 바와 같이 곡률이 음이 되는 공간에서의 기하학에 불과하다. 그러므로 리만의 기하학은 이 이외에 곡률이 양이 되는 경우로서 새로운 비 유클리드 기하학까지도 제시한 것이다.

이와 같이 해서 리만에 의하여 비로서 각종의 기하학이 모순됨이 없이 성립한다는 것을 입증한 셈이다.

9 칸토르

칸토르(Cantor, 1845~1918) : 독일의 수학자, 칸토르는 1845년 러시아의 성 페테르스부르크에서 덴마크인 부모 밑에서 태어나서 1856년에 부모와 함께 독일의 프랑크푸르트로 이주하였다. 아버지는 신교로 개종한 유태인이었고, 어머니는 태어날 때부터 가톨릭 신자였다. 그 아들은 중세 신학, 연속성과 무한에 관한 복잡한 논쟁에 깊은 관심을 가졌다. 그 결과, 그는 공업 기술사가 되라는 아버지의 제안을 철학, 물리, 수학을 공부하기 위하여 포기하고 취리히, 괴팅겐, 베를린(이 곳에서 바이어슈트라스의 영향을 받았고, 1867년 박사학위를 받았다)대학교에서 공부하였다.

칸토르(Cantor, 1845～1918)

집합론의 창시자 칸토르(Georg Cantor, 1845~1918)는 덴마크 출신의 유태계상인의 아들로 1845년 3월 3일 러시아의 페테르부르크에서 태어났다.

1856년 독일에 이주하여 취리히(Zürich)대학에서 수학을 배우려고 입학했으나 아버지의 사망으로 다음해에 베를린대학에 옮겨서 수학(數學), 철학(哲學), 물리학(物理學)을 연구하였다.

그 당시의 수학의 교수는 쿰머, 바이어슈트라스, 크로네커였다.

칸토르는 처음에는 가우스의 정수론을 깊이 연구했다.

부정방정식 $ax^2 + by^2 + cz^2 = 0$의 정수해 x, y, z를 구하는 문제에 대하여 가우스가 곤란하다고 버린점(點)에 대하여 논문을 써서 1867년 학위를 받았다.

칸토르는 베를린대학의 교수가 되는 것을 희망하였으나 그의 은사 크로네커의 반대와 학문적인 직업에 유태인을 채용하는데 반대자가 많았기 때문이라 한다.

1874년 집합론에 관한 논문이 처음으로 나타나는 해였으나 칸토르는 이해에 결혼하여 휴양(休養)할 때 독일 제1급의 수학자 데데킨트와 사귀게 되었다.

데데킨트(Dedekind, 1831~1916)는 독일의 괴팅겐대학에서 오일러의 적분에 대한 논문으로 학위를 받았다.

데데킨트의 이데알론과 실수론(實數論)의 절단(切斷)은 너무나 유명하다.

1874년 발표한 논문은 모두 대수적 수의 집합에 대해서였다. 여기서 대수정수(Algebraic Number)라는 것은 유리정수를 계수로 하는 대수방정식을 만족하는 복소수를 말한다.

모든 유리정수는 대수정수이다.

왜냐하면 유리정수 n은 방정식 $x - n = 0$의 근이기 때문이다.

칸토르는 유리정수(有理整數) 전체의 집합이 대수적수(代數的數) 전체의 집합과 같은 크기를 갖는다는 것을 증명(證明)했다.

이 역설적 정리를 증명하는데 일대일대응의 개념과 집합의 농도를 사용했다.

원소의 개수가 유한일 때는 그 개수로 집합의 대소를 비교할 수가 있었으나 원소가 무한히 많을 때는 이렇게 비교할 수가 없었다. 그래서 두 개의 집합의 원소 사이에 일대일대응이 가능할 때 이의 두 집합은 같은 「농도」를 갖는다고 정의하고 「개수」에 대응해서 「농도」의 관념을 도입했다.

그리고 자연수의 집합과 같은 농도를 가진 집합을 알레프 제로(α_0)라고 명명했다.

우리나라에서는 「가부번집합(可附番集合)」 또는 「가산집합(可算集合)」이라고 번역하고 있다. 이어서 「비가부번집합(非可附番集合)」이 존재함을 보였다.

1891년에 할레에서 개최된 자연과학자협회에서 0과 1 사이에 있는 모든 실수의 집합은 가부번이 아니라는 것을 보였다. 그래서 이 집합과 같은 농도를 갖는 집합을 「연속체」라고 이름을 붙였다. 또 구간 [0, 1]에서 정의된 실함수 전체의 농도는 연속체의 농도보다도 크다는 것이 제시되었다.

다시 칸토르는 한 집합의 원소 사이에 순서가 붙여졌을 때 그것이 가부번집합이면 이를 원소 사이에 순서를 붙이는데 있어서 자연수의 집합 $\{1, 2, 3, \cdots\cdots n, \cdots\cdots\}$으로 충분하나 그렇지 않을 때는 이것만으로서는 부족하므로 「초월수」 w를 도입하고 그 다음은

$$w + 1,\ w + 2,\ \cdots\cdots,\ w + n\cdots\cdots$$

으로 순서를 붙인다.

다시 그 다음은

$$2w + 1,\ 2w + 2,\ \cdots\cdots,\ 2w + n\cdots\cdots$$

과 같인 진행시켜 이 n을 크게 해 나아가면 $w, w \ = w^2$이 생각된다. 이 지수 2를 크게 해서 w^n을 생각하고 이 n을 다시 크게 해서 w^w에 도달시킨다. 이것은 칸토르는 ε으로 표시하였지만 이에 대해서는 $w^\epsilon = \ \varepsilon$ 성립한다. 다시 여기서

$$\varepsilon+1,\ \varepsilon+2,\ \varepsilon+3\ \cdots\cdots$$

과 같이 해 나아간다.

이것은 당시의 수학에 여러 가지로 문제를 일으켰다. 격렬한 공격의 목표가 된 일도 있었다.

현재에 이르러서도 모순이 없는 이론으로 완성해 보려고 연구하고 있는 학자가 있다. 여하간 결함은 있으나 관념적인 것에 불과 하였던 「무한」이 칸토르에 의하여 비로소 수학의 대상이 되었고 계산할 수 있는 것이 되었다.

이 「집합론」의 도입으로 해석학이 그 양상을 변하였음을 생각할 때 칸토르의 업적은 「기념할만한 것」임을 이해하고도 남음이 있을 것이다.

칸토르는 그의 무한집합론에서 사용한 추론은 대부분 비구성적이였기 때문에 크로네커는 그것은 위험한 수학적 광기의 일종이라 했다. 수학계가 칸토르에 의하여 광기적으로 가고 있다고 보고 수학의 진리와 자기가 생각한 것에 전력을 바친 크로네커는 『무한론』과 그 동조자를 모든 수단을 다하여 공격하였다. 그 결과 집합론이 아니고 칸토르 자신이 정신병원에 들어가게 되는 비극을 초래했다. 크로네커는 집합론의 이론보다도 이론의 창시자를 파괴하였다. 1884년 봄 40세가 되는 해에 칸트는 처음으로 병의 징조를 경험했다. 그 병은 그 후 그가 죽을 때까지 그 강도를 변하면서 몇 번이고 재발하고 그를 학회에서 정신병원으로 추방했다.

무한론에 관한 업적중에서 몇 개는 발작과 발작 사이에 쓴 것이라 한다. 발작에서 회복했을 때 그의 머리는 언제나 이상할 정도로 맑게 빛났다고 한다.

칸토르가 바라고 바라던 베를린대학의 교수직을 얻지 못한 것은 크로네커 때문이라고 한다.

1891년 크로네커는 베를린대학 학생들에게 칸토르의 연구에 대하여 비판했다고 한다.

두 사람이 같은 지붕 밑에서 산다는 것은 도저히 불가능한 일이 였다.

칸토르는 크로네커와 많은 반대자로부터 공격을 당했을 때 「수학의 본질은 그 자유성에 있다」고 말한 것은 너무나 유명하다.

모든 수학자가 칸토르에 대하여 비판적이었던 것은 아니다.

데데킨트와 미타그 네플러(1846~1927)는 그를 동정하고 격려했다.

특히, Mittag-Leffler는 칸토르의 논문을 그가 경영하는 잡지 「Acta Mathmatica」에 발표했을 뿐만 아니라 크로네커와 싸우는 칸토르를 격려했다. 그는 고민하는 칸토르로부터 1년 동안에 52통의 편지를 받았다 한다.

칸토르의 지지자 속에는 온화한 에르미트도 그 중의 한 사람이었다.

칸토르는 미타그 네플러에의 편지 속에 「에르미트가 그의 편지 속에 집합론에 대하여 몇 번이고 나를 칭찬해 주었습니다만 정말로 분에 넘치는 일입니다. 에르미트의 편지에 눈이 멀지 않았다고 말하면 곤란하므로 이 편지를 발표하고 싶지는 않습니다」라고 쓰고 있다.

그는 지지자의 말에 얼마나 감격했는지 모른다. 그가 말년에 「정사각형의 내부는 개집합(開集合)(0,1)과 같은 농도를 갖는다」고 증명했을 때는 칸토르 그 자신도 도저히 믿을 수가 없다고 데데킨트에게 보내는 편지 속에 말하고 있다.

칸토르는 할레(Halle)의 정신병원에서 1918년 1월 6일 73세로 눈을 감았다. 영예와 찬사는 만년에 그의 것이었다. 크로네커에 대한 그의 나쁜 감정도 잊고 있었다. 크로네커가 죽기(1891) 수년 전에 적어도 표면적으로는 두 사람은 화해했고 그것은 죽음의 병마에 누워있던 칸토르의 마음을 어느 정도 평안하게 했을 것이다. 만일 칸토르가 지금까지 살고 있었다면 그의 해석학을 올바르게 기초 확립하려 했든 지기의 노력에 의하여 모든 수학의 분야에서 엄밀한 사고에의 움직임을 보고 매우 자랑스럽게 생각했을 것이다.

06 현대의 수학

CHAPTER

"마음속에 확실한 문제를 가진 자만이
해결하는 방법을 찾을 수 있다."

– 힐베르트(D.Hilbert) –

MEMO

06 현대의 수학
CHAPTER

1 포앙카레

포앙카레(Poincar, 1854~1912)

포앙카레(Poincaré, 1854~1912), 프랑스의 수학자로 해석학과 이론물리에 많은 공헌을 하였다. 천체역학에 관한 3권의 저술은 천체물리학에 많은 영향을 끼쳤으며, 대수적 위상수학의 지표을 열고 상대성이론, 양자이론에도 공헌을 하였다. 과학은 과학 그 자체를 위하여 존재한다고 주장하였다.

(1) 현대의 수학을 논함에는 너무나 전문화되어 있어 특수한 지식을 필요로 하므로 여기에서는 20세기 수학의 형식에 공헌하였다고 볼 수 있는 사람들에 대하여 이야기하려고 한다.

그래서 먼저 우리들에게 19세기 수학을 직접 전하여 준 포앙카레를 들어서 말하겠다.

이 프랑스의 대수학자는 1854년 4월 29일에 난시(Nancy)에서 출생했다.

1873년에 고등 과학교에 입학했고 이 곳을 나와 1875년에 광산학교로 진학했다. 1879년 3월 28일에 광산기사의 자격을 받고 산에 가서 일을 하였으나 광산업보다도 수학의 연구에 열중하여 이 해에 편미분방정식(編微分方程式)의 해법에 관한 연구를 정리 완성시켜 이학박사 학위를 받았다.

다시 년 말(年末)에 이르러서는 산에서 내려와 카엔(Caen) 대학의 이학부에서 수학, 해석학을 담당하게 되었다.

중학교시대부터 친밀하게 지내던 에펠(Appel)의 말에 의하면, 「이 무렵에 이미 Fuchs 함수의 연구를 완성했다」고 한다.

1881년에 파리대학 교수로 초청 받고 5년 후에는 리프만(Lippmann)의 뒤를 이어서 「수학(數學), 물리학(物理學), 확률론(確率論)」을 담당하게 되었다. 계속해서 이듬해의 1887년 1월 31일에는 파리 과학학사원 회원에 선출되어 프랑스의 수학자로서 최고의 위치에 있게 되었다.

1889년에는 3체 문제(3體 問題)에 관한 연구에 의하여 오스카 상(스웨던 국왕 오스카2세가 제정한 상)을 받게 되어 프랑스 국내뿐만 아니라 외국에서까지 인정받게 되었다.

그 후 1908년에는 아카데미 프랑세스의 회원으로 선출되어 프랑스의 학자로서 최고의 위치를 획득하였다.

이와 같이 연구자로서 사상가로서, 또 교육자로서 눈부신 활약을 계속하여 「만능학자(萬能學者)」의 본능을 발휘하였고 1912년 7월 17일에 수술의 실패로 인하여 죽을 때까지 이 활동은 계속하였다.

(2) 포앙카레는 앞에서 말한바와 같이 「만능학자」이었으므로 수학, 역학, 천문학, 물리학, 지리학, 철학의 모든 방면에 박학(博學)이어서 어떤 방면이든지 손만 대면 훌륭한 금자탑(金子塔)이 건립되었던 것이다.

삼각함수가 2π를 주기로 한다는 점 곧

$$\sin(Z + 2n\pi) = \sin Z$$

가 성립한다는 것은 옛부터 알려지고 있었다.

그 후 19세기의 수학자는 타원함수에 있어서는

$$f(Z + mW + m'W') = f(Z)$$

가 성립함을 증명해 주었다. 이것을 확장하여 Z 대신에

$$\frac{aZ+b}{bZ+d} \quad (a,\ b,\ c,\ d\text{는 정수})$$

로 놓아도 값이 불변하는 함수 곧, 함수방정식

$$f\left(\frac{aZ+b}{bZ+d}\right) = f(Z)$$

가 성립한다.

이 종류의 함수에서 가장 간단한 것은 에르미트(Hermit)의 타원적 모수함수(橢圓的 母數函數)이나 포앙카레는 이 종류의 함수의 가장 일반적인 것-보형함수(保型函數)-의 이론을 완성한 것이다.

이것은 포앙카레의 젊었을 때의 업적이며 위에서도 말한바와 같이 포앙카레가 손을 댄 곳에는 뒤를 잇기 위한 사고(思考)의 소재를 남기고 있다.

집합론, 함수론, 위상수학이 오늘과 같이 발전한 것도 그 기초는 포앙카레의 업적이다.

즉, 이 대수학자의 학문이 위대함은 알고도 남음이 있다.

(3) 여기서 비 유클리드 기하학에 기여한 공헌에 관해서 이야기해두고자 한다. 앞에서도 논한 바와 같이 러시아의 로바체브스키, 헝가리의

볼야이, 독일의 클라인은 이를 통일적으로 해석했다. 포앙카레도 보형함수의 연구에 관련해서 이 기하학의 해석을 제시하였다.

유클리드 평면상의 정원(定圓) C의 내부를 D라 하고, C와 직교하는 원의 D에 속하고 있는 부분을 D의 「직선」이라고 명명하면 편리하다는 것에 착안하여 D의 2점 P, Q의 거리 $d(P, Q)$를 P, Q를 지나서 직교하는 원과 C와의 교점 α, β와 P, Q와의 복비(PQ, $\alpha\beta$)를 써서

$$d(P,\ Q) = \frac{\kappa}{2}\log(PQ,\ \alpha\beta)$$

라고 정의했다.

이와 같이 정의해 놓고 D 안의 점과 직선에 대하여 로바체브스키, 볼야이의 기하학이 성립함을 보이고 비 유클리드 기하학을 유클리드 기하학에 구현함이 가능하다는 것을 나타내었다. 이것을 이용해서 위에서 말한 보형함수의 이론을 발전시켰으며, 그 후 이 기하학은 선형미분방정식을 적분하는 수단으로 이용되어 「응용할 수 있는」 수학(數學)임을 보이고 이것이 수학의 관념의 유희가 아닌 것 즉, 이 기하학의 실용가치가 크다는 것을 보여주었다.

2 힐베르트

힐베르트(Hilbert, 1862~1943)는 쾨니히스베르크 출생. 현대수학의 여러 분야를 창시하여 크게 발전시켰다. 대수적 정수론의 연구, 불변식론(不變式論)의 연구, 기하학의 기초확립, 수학의 과제로서의 몇몇 문제의 제시,

적분방정식론의 연구와 힐베르트공간론의 창설, 공리주의수학기초론(公理主義數學基礎論)의 전개 등이 주요 업적이다.

힐베르트(Hilbert, 1862~1943)

(1) 포앙카레의 사후에 20세기의 수학을 비약시킨 것은 독일의 힐베르트이다.

1862년에 쾨니히스베르크그의 중류가정에서 출생하여 학생생활의 전부를 이곳에서 지냈다. 1885년에 쾨니히베르그대학을 나와 다음 해에 강사가 되었고, 1888년에는 불변식론에 관해서 훌륭한 연구를 함으로써 학계에 그의 존재를 알리게 되었다. 그래서 1893년에 이 대학의 정교수로 승격되었다. 그 후부터 눈부신 활약을 하여 1895년 괴팅겐 대학으로 전출하였다.

불변식론에 관한 연구를 체계적으로 정리한 종합보고 「대수수체론에 관한 보고」(1897)는 대수적 정수론에 있어서 성서(聖書)라고도 할 만한 것이다.

또, 1899년에는 유클리드의 공리계를 논리적으로 검토하여 그의 기초를 확고히 하고 기하학의 기초(幾何學의 基礎)를 저술했다.

1900년의 국제수학자 회의에서 「수학의 23문제」를 제시하여 수학계에 있어서 지도적 지위에 있음을 명백히 하였다. 이 시대에는 클레인과 란다우도 활약하였으므로 이 괴팅겐대학은 세계의 수학자의 집합소라 할 정도였다.

특히, 힐베르트의 강의는 세계 각국(各國)에서 모인 학자가 열심히 청강하였다고 전하여지고 있다.

1910년 이후는 형식주의에 입각해서 수학기초론(數學基礎論)을 건설하려고 노력하여 이 학문을 현대의 수학과 철학의 연구대상이 되도록 해 놓았다.

제2차 세계대전은 독일의 수학자에게 있어 지나치게 불행한 시기였다. 미국으로 망명한 학자는 상상 이외의 수에 달(達)했고 그로 인하여 전전(戰前)에는 세계 최고의 수준에 있었다고 했던 잡지 「수학연보」(數學年報)도 옛날 발자취만을 상기시킬 정도로 저조하여졌다.

그러나 힐베르트는 괴팅겐대학을 사수하는 태도로서 부자유와 투쟁하면서 이곳에 살아왔고 1943년 2월 14일에 여기서 사망했다.

(2) 힐베르트의 업적은 어느 것을 보더라도 그가 호장(豪壯)하였다는 데에 감사하는 바이다. 단순히 아름답다는 점만이 아니라 웅대한 것이었다. 불변식론에 있어서도 우선 기본정리(基本定理)를 수립하고 이때까지 「불변식론의 왕자」라고 불리던 골드먼트가 계산이 없는 힐베르트의 논문을 보고 「이것은 수학이 아니다, 신학이다!」라고 규탄(糾彈)하였다고 전하여지고 있는 점으로 보아도 완전히 독창적이고 당시의 수학자의 입장에서 본다면 혁신된 새로운 내용이었던 것을 알 수 있다. 이와 같이 불변식론을 확립해 놓고 대수학에 새로운 분야-다항식 이데알 론-를 개척하여 이의 기초를 견고히 하였다. 이것은 고전적인 기하학에 새로운 생명을 불어넣은 것이 되나 독일의 알틴(Artin)과 뇌더(Noether)가 이것을 지주로 삼아 「현대의 대수학」을 건설하였음을 생각하면 20세기의 초두에 수학계가 받아들인 이 업적이 얼마나 훌륭한 것이었던가를 상상할 수가 있다.

1895년경부터 대수적 정수론의 연구에 종사하였다. 이 이론을 수립해 놓은 가우스의 후계자들은 이데알은 「key」를 응용해서 유리정수인 경우의 정리 「임의의 유리정수는 소인수의 적(積)으로 단 한가지로 분해할 수 있다」는 것을 확장하여 「임의의 이데알은 유한개의 이데알의 적으로 단 한가지로 분해된다」는 것을 증명하는데 전력을 기울였다.

힐베르트가 이 방면의 연구에 종사한 것은 이러한 상태일 때였다.

그리하여 그는 천재적인 두뇌로써 이 문제를 해결하였다. 그것만이 아니다. 힐베르트의 독창적인 방법(方法)과 관념(觀念)은 대수적 정수론을 비약시켰으며 이 연구가 대수학자나 정수론 연구자의 극찬을 받게 된 것은 1900년 경이다.

그러나 이 무렵에는 힐베르트의 관심은 해석학으로 전향되고 있었다.

리만이 그의 학위논문에서 디리클레 적분

$$\int\int\left[\left(\frac{\partial u}{\partial x}\right)^2+\left(\frac{\partial v}{\partial y}\right)^2\right]dxdy$$

를 극소(極小)로 하는 함수가 존재함을 가정하였으며 이에 대하여 바이어슈트라스가 문구(文句)를 붙인 이래 칼노이만(Carl Neumann), 스바르츠(Schwartz), 포앙카레(Poincaré), 피카드(Picard) 등이 이 문제를 둘러싸고 해결하려고 노력했으나 목적을 관찰하지 못했다.

힐베르트는 변분법(變分法)에 새로운 길을 개척하고 이것을 이용해서 엄밀한 해법을 이룩해 놓았다. 이것은 훌륭한 연구이나 실로 힐베르트의 본령(本領)이 발휘된 것은 적분방적식(積分方程式)의 연구였다.

볼테르, 프레드홀름, 포앙카레를 선구자(先驅者)로 하고 있는 이 방면의 연구에 있어서도 선인이 걸은 길을 밟아 왔으나 기타 초등대수학에서의 1차식이라든가 2차식의 이론의 유이성(類似性)을 탐지하거나 기하학에서 언어를 빌려 표현하는 방법을 생각해서 함수를 요소로 하는 대수학(代數學)의 기초를 세웠다.

이것을 다시 무한차원의 경우도 확장하여 소위 「힐베르트 공간」의 이론에 도달하였는데 이것은 1927년에 노이만(J. V. Neumann)에 의하여 추상화되어 현대의 해석학에서 중요한 역할을 하고 있다.

(3) 여기서 1899년에 처음으로 세상(世上)에 나온 기하학의 기초(幾何學의 基礎)에 대하여 말하지 않을 수 없다.

이것은 기하학에서 직관에 의존하는 것을 배제하고 순수한 논리체계로서 기하학을 건설함을 목적으로 한 것이다.

따라서 기하학의 기초개념은 앞서 정의되어 있지 않고 공리에 의하여 간접적으로 정의되어 있다. 힐베르트의 입장에서는 공리(公理)는 스토이케이아(stoicheia)의 경우와 같이 「자명한 정의」라든가 우리들의 경험을 표현하는 것이라는 성격을 갖는 것이 아니라 기본개념간의 관계를 정하는 가설에 불과한 것이다.

따라서 점(點), 직선(直線), 평면(平面)이라 하더라도 이것은 반드시 우리들이 직관하고 있는 점, 직선, 평면이라는 것은 아니다. 주어진 공리를 만족하기만 하면 무엇이든지 좋다.

그러므로 힐베르트가 베를린역(驛)의 대합실에서 동행한 기하학자와 회합한 자리에서 「점, 직선, 평면 대신에 테이블, 의자, 컵 등을 대용해도 기하학이 이루어질 것이다」라는 이야기를 했으리라 생각된다.

이렇게 힐베르트의 수학(數學)은 가설적인 공리를 기초로 해서 수립된 연역체계 곧 개개의 대상에서 구체성을 추상하여 얻어지는 것 사이에 성립하는 형식(形式)이므로 「형식주의(形式主義)이다」라고 불리고 있다.

「기하학의 기초」의 제 1장과 제 2장에서는 수학 전반에 걸쳐 말하고 있으며 논법은 단지 기하학에만 한하지 않고 수학의 인식 문제에 연결되고 있다.

그리고 공리계(公理系)를 설정하여 이들 사이에 모순이 없고 또 서로 독립이고 또 완전한 것임을 논하고 있다.

제 3장부터 앞의 논의로서 그 대상을 기하학에 한정하였다.

그리고 이것을 관철한 기본원리(基本原理)는 「선분산(線分算)」이며 이에 의하여 「체(體)」의 개념을 도입하고 비례면적 등의 제(諸)이론에 현대적 해석을 붙여 기하학의 대수화(代數化)를 꾀하였다.

그러나 이것을 결과적으로 말하면 기하학을 실예로 해서 하나의 추상 수학의 모델을 나타내고 있다고 말할 수 있다. 여기서 도입된 공리적 방법은 그 후의 수학에 지대한 영향을 주었다.

현재 추상수학(抽象數學)이 융성하여진 것도 여기에 원인이 있다는 것을 생각해 볼 때 이것이 얼마나 중요한 것인가를 이해할 수 있다.

만년(晩年)에는 수학기초론에 전념하고 있었다.

상술(上述)한 것에서도 알 수 있는 바와 같이 직관주의에 대하여 대척적(對蹠的)이었다.

그리고 「공리적으로 생각한다」는 것이 수학의 한 형(型)으로 되어 일반적 위상수학과 확률론의 공리적 건설이 탄생하였다.

(4) 이 기회에 1900년에 열린 국제수학자 회의에서 힐베르트가 공표한 문제는 오늘날에 있어서도 해결을 보지 못한 것이 있으므로 그것을 소개하겠다.

1) 연속체의 농도에 관한 칸토르의 문제
2) 산술의 공리의 무모순성(미해결)
3) 밑면적과 높이가 같은 두 사면체의 체적이 같다고 하는 것의 증명(해결. M.Dehn 1900)
4) 직선이 두 점간의 최단거리를 나타내는 기하학
5) 군을 정의하는 함수의 미분가능성을 가설하지 않고 연속변환 군에 대해서의 리(Lie)의 개념(해결. A.Gleason, D.Montgomery, L.Zippin 1952 : 山邊英彦 1953)
6) 물리학의 공리의 수학적 취급
7) 어떤 수의 무리(無理)성과 초월(超越)성 (힐베르트는 예로서 $2^{\sqrt{2}}$의 초월성의 증명을 구하고 있으나 이것은 1949년에 시겔(L.Siegel)이 증명하였다.)
8) 소수(素數)분포문제(미해결)
9) 임의의 수체(數體)에 있어서의 일반적인 상반법칙(해결. 高木貞治 1921)

10) 디오판토스 방정식의 가해성(可解性)의 결정(미해결)
11) 임의의 대표적 수를 계수(係數)로 하는 2차형식(해결. H.Hasse, 1928)
12) 임의의 대수적 유리영역에 있어서의 아벨 수체에 관한 크로네커의 정리의 확장(미해결)
13) 일반 7차 대수방정식을 2변수만의 함수로서 풀 수 없다는 것
14) 어느 완전한 함수계의 유한성의 검증
15) 스바르츠의 개수계산법의 엄밀한 기초세우기(해결. B.L Von der Waerden, 1938-40 H.Wey. 1950)
16) 대수곡선과 곡면의 위상기하학의 문제
17) 정부호형식(定符號形式)을 평방합으로 표시하기(E. Artin, 1927)
18) 합동인 다면체로 공간을 메우기
19) 정칙인 변분문제의 해는 언제나 해석적이라야만 하는가?
20) 일반적인 경계치문제
21) 주어진 Monolomy 군을 갖는 선형미분방정식의 존재의 증명(미해결)
22) 해석적 관계의 보형함수에 의한 일반화
23) 변분학의 방법의 전개

3 러베크

(1) 고전적인 해석학과 현대의 해석학을 구별함에 있어 획기적인 연구를 한 러베크(Lebesque)는 1875년 6월 28일 프랑스의 보오베에서 출생했다.

아버지는 인쇄업의 기술자였으나 독서에 취미를 가지고 있어 양서만을 읽는다고 하는 「지식인」이었다.

그러나 유년시대에 아버지가 사망하였으므로 어려서부터 생활은 넉넉하지 못했다. 이러한 가정에서 초등학교 시절부터 두각을 나타내어 초등학교 선생이 그 학력의 소질을 알아채고 「장래는 우수한 수학자가 될 것이다」라고 예언해서 중학교에 진학하기로 했다.

처음에는 고향에 있는 중학교에 다녔으나 후에 파리로 전학했다. 그것은 고등 사범학교에 입학하기 위한 준비 때문이었으나 파리의 중학에 가서 공부한다는 것은 대단한 일이었다. 그 결과 1894년에 사범대학에 입학되었다. 그 후부터 수학에 우수한 성적을 올렸다. 어느 날 한 장의 종이를 구겼을 때 생기는 곡면을 보고 면적의 개념은 이제까지의 것으로 좋을것인가 라고 의심했었다는 것이 전해지고 있다는 점으로 생각해 보아도 이미 이 때에 새로운 수학을 창조할 소질이 있었다고 볼 수 있다. 1897년에 당시의 중학교 교사가 되었다. 수업시간이 많았음에도 불구하고 연구에 몰두하여 이미 여기서 학위논문을 준비하고 있었다. 길이와 면적의 정의를 확장하여 실변수의 함수에 있어서 적분론을 새로이 수립하려고 기도하였다.

그리하여 많은 곤란을 극복하고 1902년에 논문 「적분(積分), 길이, 면적(面積)」으로 학위를 얻게 되었는데 이것은 당시의 학계를 경탄시킨바 있었다. 이것으로 인정받아 발탁되어서 같은 해에 텐느의 이과대학 강사가 되었다. 다시 1906년에 뽀아띠에 대학의 교수가 되고 1910년에는 솔본느 대학의 강사로 임명되어 1920년에 교수가 되었으며, 1920년에 파리의 프랑스 대학(College de France)의 교수가 되었다. 뒤이어서 다음해인 1922년에 카밀레(Camille), 조르단(Jordan)의 후임으로서 과학학사원의 수학부 회원으로 추대되었다.

그 뒤부터는 학자로서 명예가 높아져서 런던의 왕립협회, 로마의 아카데미아, 디 · 린체이, 덴마아크의 왕립학사원, 벨기에와 루마니아의 학사원, 폴란드의 문학·과학학사원의 회원이 되었다. 그밖에 여러 대학에서 명예박사의 학위를 받게 되었다.

이와 같이 연구자로서 활약하였으며 더욱이 젊었을 때에 종사하고 있었던 수학교육의 중요성을 잊을 수가 없어서 여기에도 정열을 경주하였다.

1937년에 「양의 측정에 대해서」를 저작하여 수학교육에 관계하고 있는 사람들에게 큰 자극을 주었다.

다시 죽는 날까지 계속해서 쓴 책-최후의 장은 병상에서 구성한 것을 필기한 것이라고 전해지고 있다-원추곡선(圓錐曲線)은 수학교육에 종사하는 교사가 일설(一說)하여야 할 양서(良書)이다.

펠롱(Perron)의 말에 의하면 러베크는 자기의 업적에 대해서는 전연 말하지 않았던 것 같다. 생활도 지극히 간소하였다. 성질이 부드럽고 사람 접촉이 좋은데다 학생들을 사랑하고 학생들과의 접촉을 좋아했다.

이렇게 뛰어나고 호의에 충만한 사람이어서 주위의 사람들은 「인정가(人情家)」라고 경애하였고 「정열가」로서 친밀하였으나 1941년 4월 경부터 병상에 눕게 되자 체력이 급격히 약해져서 그 해 7월 16일에 애석하게도 사망하였다.

(2) 다음에 러베크의 업적을 논할 단계에 도달한 것 같다.

이 위대한 해석학자의 사상은 19세기의 수학을 창조해 낸 거인 가우스, 코시, 리만의 것이 오늘날에 있어서도 가치를 갖고 있는 것과 마찬가지로 영원히 남을 것이며, 프랑스식의 사고방식이라기 보다도 프랑스인 봉·장스의 승리라고 해도 좋다.

앞에서 논한 바이나 뉴턴, 라이프니츠에 의하여 개척된 적분학은 1820년에 코시에 의하여 불완전하나마 기초가 강고(强固)해졌고 그것이 1854년에 리만에 의하여 비약적으로 발전된 것이다.

이 개념을 확장한 사람이 러베크이었고 그는 「길이, 면적, 체적」의 개념을 명확히 한다는 것을 모토로 해서 출발하였던 것이다.

우리들은 선분의 길이나 이것을 측량한다는 것을 직관적으로 알고 있다.

이를테면, 선분(0,1)의 길이는 부등식 $0 \leqq x \leqq 1$을 만족하는 모든 실수에 대응하는 점이 이 선분을 만족함을 인정하는 한 명료하여지거나 이 선분에서 부등식 $0 \leqq x \leqq 1$을 만족하는 유리수에 대응하는 점을 제거하면, 남는 점집합의 「길이」를 생각해 보려고 해도 우리들이 직관적으로 인식하고 있는 길이의 개념으로서는 도저히 안 된다.

그래서 독일에서는한켈, 스톨즈, 칸토르, 하르나크 등의 사람들이 이 문제에 머리를 썼으나 성공하지 못했다.

한켈(Hankel, 1839~1873), 독일의 수학자로 뫼비우스(Möbius), 리만의 학생이었으며 바이어슈트라스, 크로네커와 같이 연구하였다. 특히 복소수론, 함수론, 수학사에 대하여 연구하였으며, 리만의 적분을 측도론의 입장에서 재정리하였다. 헨켈 변환, 헨켈 함수에 관한 이론을 발표하였다.

한켈(Hankel, 1839~1873)

프랑스에서도 조르단과 보렐이 이 문제를 가지고 고찰해서 크게 발전시켰으므로 러베크는 「길이, 면적, 체적」의 개념을 명확히 할 수가 있게 되었다.

(3) 앞에서 말한 바와 똑같은 예를 써서 구간 I에 속한 점집합 E를 생각하여 보기로 한다.

이 E를 가부번개의 구간 $I_1, I_2, \cdots, I_n \cdots$으로 덮는다.

이 I_i의 측도(길이)를m_i로 나타내어

$$m_1 + m_2 + \cdots + m_n + \cdots \qquad \cdots\cdots\cdots\cdots\cdots \quad (a)$$

을 만든다.

이것을 E를 덮는 구간의 작성에 따라서 값이 다르다. 그래서 E를 덮는 구간을 바꿔서 만든(a)의 하한을 E의 「외측도」라고 부르고 $m_e E$로 나타낸다.

다음에 I의 점에서 E를 속하지 않는 것이 전체 곧 $I-E \equiv E'$의 외측도 $m_e E'$와 E의 외측도를 가하면, 일반으로는 1보다도 크다.
곧 $m_e E + m_e E' \geqq I$ 이다.

여기서 $m_e E \geqq I - m_e E'$가 나온다.

$I - m_e E'$를 E의 「내측도」라 하고 $m_i E$로 나타낸다.

그러면 $m_e E \geq m_i E$ 임을 알 수 있으나 특히 $m_e E = m_i E$ 일 때 러베크는 「집합 E는 가측이다」라 하고, 그의 공통인 값을 E의 측도라 하여 mE로 나타냈다.

그리고 특히 어떤 명제가 구간 I의 측도 0의 집합을 제외하고 성립할 때 이것은 「I의 거의 도처에서 성립한다」고 하였던 것이다. 이렇게 측도를 정의해 놓으면 앞에서 논한 조르단 가측인 집합이나 보렐 가측의 집합이 함께 레베크의 의미에서 가열이라는 것이 표시되므로 러베크 측도는 이들을 확장한 것이라고 말할 수 있음을 부언해 둔다.

(4) 1905년에 러베크는 논문 「해석적으로 표시되는 함수」를 발표하여 또 다시 학계를 경탄시켰다. 그것만이 아니다.

이것이 폴란드와 러시아 수학자의 창의를 자극하여 현재의 우리들이 「해석적 논문집」이라고 부르는 것이 탄생하였다는 것으로 미루어 보아 내용이 풍부하였던 것임을 알 수 있다.

그러나 러베크의 연구에는 선구자가 있다. 그는 바이레(Baire)이다. 바이레는 함수를 분류하였다.

연속함수로 구성되어 있는 클라스를 「제0급」이라 하고 연속수열의 극한으로 표시되는 함수에서 제0급이 아닌 것으로 된 클라스를 「제1급」이라고 불렀다.

이와 같이 나아가면 「제n급」의 함수가 만들어진다.

러베크는 베러의 연구를 검토해서 여러 가지의 결과를 내었지만 특히 n이 어떠한 자연수라 하더라도 제n급의 함수가 존재한다는 것을 증명하는데 성공하였는데 이 논문 중에는 수학과 철학과의 경계선상에 있는 것이 많이 발견되었다. 그밖에도 수많은 업적을 남겼다. 그리고 그것의 모두가 단순하고도 직관적이라는 것이 특징이고, 깊은 점에 있어서는 다른 것이 추종할 수 없을 정도인 것이 있다. 벽돌을 쌓아 올린 벽을 보고 있는 동안에 「벽돌이 아주 작으면 네 개의 벽돌에 공통인 점이 적어도 하나 있으나, 네 개보다도 많은 벽돌에 공통인 점은 없다」는 것에 착안하여 위상변환에 의해서는 차원의 수가 불변(不變)하다는 것의 증명을 간역화(簡易化)한 「러베크의 정리」가 생긴 것이지만 이렇게 해서 「고전적인 것도 러베크가 손을 대기만 하면 장식을 새롭게 하였던 것이다」.

4 리콜라 브로바키(Nicolas Bourbaki)

(1) 현대의 수학을 이야기할 때 잊어서는 안 될 수학자 집단이 있다. 그는 브르바키라는 집단인데 동양에서는 오랫동안 이것에 대한 정체를 모르고 있었다.

타톤(Taton)은 그의 「산법의 역사」(1951) 중에 「브르바키라는 인명을 가진 단체를 만든 프랑스의 젊은 수학자의 무리는 새로운 거대한 업적을 남겼는데 이것은 다양체(manifolds)」라고 하는 중요한 관념을 기초로 하여 해석학의 일반이론을 개혁한 것이다」라고 씌어있는 바와 같이 이는 「공리적」이라는 절(節)을 써서 수학을 개조하려고 기도(企圖)하였던 우수한 수학자 그룹의 명칭(名稱)이다.

이 그룹에 속하는 사람들을 알파베트 순으로 나타내면 Cartan, Chevally, Schwartz, Delsart, Dieudonné, Diximer, Ebresmann, Eilenberg, Goldement, Kofzul, Samuel, Serre, Weyl 등이다.

수학이 각 시대를 통해서 각 분야에서 발전하여 나날이 수많은 논문이 발표되고 있으나 수학자로서도 이해하기 곤란할 정도로 분화되고 있어서 상호간에 목적이 있어서나 방법에 있어서나 또 술어에 있어서나 완전히 고립되어서 포앙카레나 힐베르트와 같은 만능학자는 제외하고라도 대부분의 수학자로서는 이해할 수가 없게 되어서 「바벨탑」의 건설에 참여하여 직공과 같게 되었다.

그리고 수학이라고 하는 말 자체의 총합성에 의심이 나서 이것을 통일해야만 하겠다는 생각이 나게 되었다.

앞에서 논한 힐베르트는 만년에 직관주의자와 싸우면서 수학 이론학의 기초을 확고히 하여 어떻게 하여 어떻게 하면 이제까지의 결과를 손상시키지 않고 호화로운 건물을 건립할 수가 있을까 하는 통일방안을 계획했다. 그리고 수학자에게 모든 이론을 엄격한 이론체계에 따라서 연구하라고 가르치고 「공리적으로 생각하라」고 요청하였다.

브르바키 학파의 사람들은 힐베르트의 정신에 철저해서 공리적 방법에 의하여 대다수의 문제를 총괄하는데 필요한 도구를 갖추었다.

따라서 이제까지와 같이 고전적인 수론(數論), 기하학(幾何學), 해석학(解析學), 대수학(代數學) 등의 제원리(諸原理)가 서로 뒤섞여서 형성되어 있는 수학(數學)을 브르바키에 의하여 단순에서 복잡으로 보편적 명제에서 특수명제로 그의 구조를 제단계로 분할해서 질서가 서도록 힘쓰고 있는 것이다.

브르바키의 그룹에 속하고 있는 사람들은 특수되어 있지 않은 성질을 갖는 요소에 부합시키려는 관념을 일괄해서 「구조(構造)」라고 명명하고 있으나 이러한 구조를 정의하기 위해서 이들의 요소간을 결부시키고 있는 「관계(關係)」가 주어지고 있다. 이때 주어진 「관계」가 어떤 조건을 만족한다는 것이 요청된다.

이 조건이 대상으로 되어 있는 「구조」가 공리인 것이다.

그래서 생각하고 있는 요소에 가설을 선정한다는 것을 피하고 구조의 제공리(諸公理)만으로 이론적으로 명제를 도입하여 이론의 공리적 건설을 행하는 것인데 이것을 행하려면 강한 추상력을 필요로 한다.

그리고 직관을 쓰는 것을 엄격히 금지하고 있으므로 이 방법은 구체적인 문제를 해결하는데 필요한 열쇠를 제공하고 있다.

이 그룹의 학자가 모여서 서로 토론하여 정리한 것이 차례로 뒤를 이어서 출판되어 가고 있어 어느 때까지 끝없이 계속할 것인가가 흥미꺼리이며 20세기 수학에 있어서 호화로운 전당이 될 것이다.

(2) 이 브르바키의 그룹에 속하고 있는 슈바르츠는 새로운 수학의 건설에 크게 공헌하였다.

이미 19세기의 말기에 헤비시드(Heaviside)에 의해서 「연산자(演算子)」가 도입되었으나 이것에는 수학적으로 명확히 되지않는 점(點)이 많았다.

이를테면 헤비시드의 함수 y(x)는 0을 넘지 않는 x에 대하여서는 0이 되고, 0보다 큰 x에 대하여 1이 되나 이의 도함수 $\delta(x)$는 x가 0이 아닐 때는 0이 되는 것에 대하여 $x=0$일 때는 그 값은

$$\int_{-\infty}^{+\infty}\delta(x)dx=1$$

과 같이 「크다」고 하는 성질을 갖는다.

이것은 수학자가 본다면 있을 수 있는 일이나 디락(Dirac)은 잘 이용해서 양자역학을 발전시켰으므로 「델타함수」라 하여 중요시되고 있다.

이와 같이 물리학자에 대하여는 중요한 것이나 수학자에 대하여는 참을 수 없는 결함을 가지고 있으므로 이것–이라기보다도 일반적으로 연산자법의 공식–을 엄밀히 증명하려고 기획한바 이 때 탄생한 것이 초월함수(超越函數)이다.

5 결 론

(1) 이제까지는 20세기의 수학을 창조한 사람들의 이야기를 하였으므로 여기서는 수학 전반에 걸쳐서 그것이 어떠한 상태인가를 대충 살펴보기로 한다.

해석함수의 연구는 20세기 전반에서는 코시, 바이어슈트라스의 사상을 이어서 특이점의 연구에 몰두한 바, 특히 「고립한」특이점의 근방에 있어서의 함수의 상태에 관한 대상이 되었었다.

이 방면의 연구의 선구자는 피카르드이었고 줄리아는 그 사상을 발전시켰으며 특히 핀란드의 네반리나는 이 특이점의 연구를 유리형함수(有理型函數)로 발전시켜서 특징함수(特徵函數)를 도입하여 현대의 함수론의 형성에 크게 공헌하고 있다.

이에 지지 않을 정도로 중요한 도구–정규함수족(正規函數族)–를 현대의 함수론에 제공한 사람은 프랑스의 몬텔이다.

더욱이 앞에서 논한바와 같이 위상수학의 발전은 모든 분야에 크게 영향을 미쳤다.

특히 해석학에 있어서의 프레치의 공적은 크다. 그 뒤 웰이 리만면을 추상적으로 취급할 것을 제창한 이래로 리만면의 연구에 있어서는 위상수학은 불가결한 것이 되어 핀란드의 알포토스에 의하여 「피복면의 이론」이 나오게 되었던 것이다. 그밖에 다변수해석함수론에 있어서도 대수적 위상수학에 의해서 통일적으로 취급하려고 하였다. 그 후 다양체의 개념을 발전시킴으로서 해석적 다양체상의 함수를 생각하게 되어서 다변수함수론의 연구에 새로운 길이 개척되었다.

한편 앞에서 논한 노이테가 행한 다항식 이데알의 추상화의 영향은 그의 문하인 반데 바르덴에 나타나 일반적인 다양체상의 대수기하학의 탄생으로 발전했고 그것이 자리스키, 쉬발리, 웨일 등에 의하여 발전되었을 뿐 아니라 드람, 小平邦彦 등에 의하여 조화적분론(調和積分論)이 수립되었으므로 이것이 이용되어서 다시 진전을 보았다.

그리고 현재도 발전 도상에 있다. 이에 대하여 일본의 젊은 수학자 특히 동경대학에 있는 秋月康夫의 문하에 기여(寄與)가 크다고 본다.

위상수학의 영향은 그것만이 아니다.

미분기하학(微分幾何學)도 역시 이 영향을 받아서 그 모습이 바뀌졌다.

그리고 연구(硏究)도 곡선(曲線), 곡면(曲面) 또는 공간(空間) 그 자체의 국소적인 성질과 전역적인 성질과의 관계를 명백히 하려고 하는 방향으로 나아갔다.

그리하여 S.S.Chern(陳省身)에 의하여 「대역적 미분기하학」으로 발전되었고, 이 미분기하학은 현재도 발전도상(發展途上)에 있다.

참 고 문 헌

1) Apell.P. : Henri Poincaré, 1925.

2) Archibald.R.C. : Outline of the History of Mathematics, Hirbert Ellsworth Slaught Memorial Paper No.2. Buffalo.N.Y. : The Mathematical Association of America, 1949.

3) Ball.W.W.R. : A Primer of the History of Mathematics, 4th ed. New York : Macmillan, 1895.

4) __________ : A Short Account of the History of Mathematics, 5th ed. New York : Macmillan, 1912.

5) Bell.E.T. : The Development of Mathematics, 2nd ed. New York : Mc Graw－Hill, 1945.

6) Bieberbach.L. : Karl Frledrich Gauss, 1938.

7) Bjerknes.V. : Niels Henrik Abel, 1930.

8) Boyer.C.B : A History of Mathematics, New York : John Wiley, 1968.

9) Cajori & Florian : A History of Elementary Mathematics, rev. ed. New York : Macmillan, 1924.

10) __________ : A History of Mathematics, 2nd. ed. New York : Macmillan, 1919.

11) Dupuy.P. : Evariste Galois, 1932.

12) Freebury.H.A. : A History of Mathematics, New York : Macmillan, 1961.

13) Gittleman & Arthur, History of Mathematics, Columbus, Ohio

: Charles E. Merrill, 1975.
14) Hofmann.J.E. : The History of Mathematics, New York : Philosophilcal Library, 1957.
15) __________ : Classical Mathematics, a Concise Histoty of the Classical Era in Mathematics. New York : Philosophilcal Library, 1959.
16) Hooper & Alfred : Markrs of Mathematics, New York : Randcm House, 1948.
17) Kramer.E.E. : The Main Stream of Mathematics, Greenwich, Conn. : Fawcett Publications, 1964.
18) __________ : The Nature and Growth of Mordern Mathematics, New York : Hawthorn Books, 1970.
19) Kuzawa & Sister Mary Grace : Mordern Mathematics, The Genesis of a School in Poland. New Haven, Conn : College & University Press, 1968.
20) Larrett & Denham : The Story of Mathematics, New York : Greenberg : Publishers, 1926.
21) Launay : Gaspard Monge, 1933.
22) Moore.L.T. : Issac Newton, 1937.
23) Moritz.R.E. : On Mathematics and Mathematicans. New York : Dover Publications, 1958.
24) Neuman & James : The World of Mathematics, 4vols. New York : Simon and Schuster, 1956.
25) Sanford & Vera : A Short History of Mathematics. Boston : Houghton Mifflin, 1930.
26) Sarton & George : The Study of The History of Mathematics. New York : Dover Publications, 1954.

27) Scott.J.F. : A History of Mathematics from Antiguity to the Beginning of the Nineteenth Century. Londen : Taylor & Francis, 1958.

28) Smith.D.E. : History of Mathematics, 2vols. Boston : Ginn & Company, 1923－1925.

29) __________ & Jekuthiel Ginsburg : A History of Mathematics in America Before 1900(Carus Mathematical Monograph No.5). Chicage : Open Court, 1934.

30) Struik.D.J. : A Concise History of Mathematics, revised ed. New York : Dover Publications, 1967.

31) Styazhkin.N.I. : History of Mathematical logic from Leibniz to Peano. Cambrige, Mass. : The M.I.T.Press, 1969.

32) Taton.R. : Gaspard Monge, 1950.

33) Taton.R. : Gaspard desargues, 1952.

34) Wedberg & Anders : Platon Philosophy of Mathematics. Stockholm, Sweden : Almgvist and Wiksell, 1955.

35) 김승욱, 짧게 그러나 완벽하게, 교우사, 2002

36) 박화신, 페르마 Last Theorem은 풀렸는가?, 대한수학회 뉴스레터 36호, 1993. pp.1~3.

37) 백용배 · 현종익 공저, 수학사 개설, 도서출판조약돌, 1984.

38) 송석준 지음, 수론의 이해, 제주대학교출판부, 2001.

39) 신항균 지음, 수학사와 수학이야기, 도서출판무지개사, 1999.

40) 양영오, 페르마의 마지막 정리에 대하여, 무한대지. 제9집, 제주대학교 정보수학과 편집위원회, 1998.2. pp.30~41.

41) 정상권 지음, 교사를 위한 해석학, 교우사, 2004.

42) 한상근, 페르마의 문제에 관한 이야기, 대한수학회 뉴스레터 43호, 1995. pp.16~19.

43) 허민, 페르마가 마지막 정리가 풀린 뒤, 대한수학회 뉴스레터 58호, 1998. pp.2~7.

44) http://www-groups.dcs.st-and.ac.uk/history/indexes/Number-Theory.html.

45) http://www-groups.dcs.st-and.ac.uk/~history/indexes/Greeks.html.

46) http://www.utm.edu/research/primes/prove/indexes.html.

47) http://www.utm.edu/research/primes/notes/by-year.html.

48) http://www-groups.dcs.st-and.ac.uk/history/mathematicians/Gauss.html.

49) http://www.acs.oakland.eud/~grossman/erdoshp.html.

찾‖아‖보‖기

ㅍ

ㅎ

기타

현 종 익
풍천초등학교 졸업(15회)
제주제일중학교 졸업(17회)
제주제일고등학교 졸업(14회)
부산대학교 사범대학 수학교육과 졸업(이학사)
부산대학교 교육대학원 수학교육전공 졸업(교육학석사)
계명대학교 대학원 수학과 기하학전공 졸업(이학박사)

〈경력〉 제주교육대학교 전자계산소장, 과학교육연구소장, 학생처장, 교무처장,
초등교육연수원장역임
일본지바대학교 객원연구원역임
초등학교 1종 교과서 및 교사용 지도서 심의위원 역임
제주교육대학교 3대 총장 역임
2009년 국정도서 편찬기관 심사위원장 역임
제주교육대학교 수학교육과 전임강사, 조교수, 부교수, 교수 역임

현재 한국초등수학교육학회 제주지부장
한국수학교육학회 부회장 및 제주지부장
한국창조과학회 이사
국제수학교육위원회 한국지부 부회장
중국연변과학기술대학교 명예교수
중국운남재경대학교 명예교수
제주대학교 교육대학 초등교육과 수학교육전공 교수(정년보장)

〈저서〉 초등수학교육개설(공저), 교양수학(공저), 수학사개설(공저),
초등수학의 이론과 실제, 초등컴퓨터교육(공저), 대학수학(공저),
산수과 교수법 및 교재연구, 컴퓨터교육의 이론과 실습문제(공저),
대학수학입문(공저), 수학과학습지도연구, 수학과교육, 대학수학(공저),
수학과 교수 학습 방법 탐구, 현대수학기초론, 초등수학교육론,
초등수학교육기초론, 교육학용어사전(공저), 교사를 위한 초등수학교육론
초등학교 교사를 위한 수학기초론(공저), 7차 교육과정에 따른
초등수학교육론

〈연구분야〉 문제해결방법론, 기하교육론, 미분기하학

세계수학사

2011년 2월 25일 초판 인쇄
2011년 3월 2일 초판 발행

저 자 / 현종익
발행자 / 오판근
발행처 / 교우사

주 소 / 서울 동대문구 제기2동 148-19
전 화 / 925-2861(代), 편집부 / 925-2825
팩 스 / 925-2860

E-mail / kyowoo@kyowoo.co.kr
http://www.kyowoo.co.kr

등록 / 1994. 3. 24 제6-0256호

ISBN 978-89-8172-863-2 (03410)

값 **15,000** 원